KERNPHYSIK

VORTRÄGE
GEHALTEN AM PHYSIKALISCHEN INSTITUT
DER EIDGENÖSSISCHEN TECHNISCHEN HOCHSCHULE
ZÜRICH IM SOMMER 1936 (30. JUNI — 4. JULI)

VON

P. AUGER · G. BERNARDINI · W. BOTHE · J. CLAY
J. D. COCKCROFT · J. R. DUNNING · R. FLEISCHMANN
S. FRANCHETTI · H. GEIGER · H. v. HALBAN jr. · L. MEITNER
M. L. E. OLIPHANT · P. PREISWERK · E. J. WILLIAMS

HERAUSGEGEBEN VON

DR. E. BRETSCHER

MIT 68 ABBILDUNGEN

AF850735

BERLIN
VERLAG VON JULIUS SPRINGER
1936

ALLE RECHTE, INSBESONDERE DAS DER ÜBERSETZUNG
IN FREMDE SPRACHEN, VORBEHALTEN.
COPYRIGHT 1936 BY JULIUS SPRINGER IN BERLIN.

ISBN-13: 978-3-642-89570-8 e-ISBN-13: 978-3-642-91426-3
DOI: 10.1007/978-3-642-91426-3

Vorwort.

Alle 2 bis 3 Jahre wird am Physikalischen Institut der E. T. H. von den Professoren PAULI und SCHERRER eine Vortragswoche durchgeführt, während der Referate von prominenten Vertretern über aktuelle Themen der Physik gehalten werden. Wie die beiden letzten Vortragswochen der Jahre 1931 und 1933, so war auch die diesjährige der Kernphysik und der kosmischen Strahlung gewidmet. Diese Themenstellung ergab sich naturgemäß aus dem lebhaften Interesse, welches die Physik des Atomkernes und die kosmische Strahlung heute finden. Das Bedürfnis weitester Kreise von Physikern und Naturwissenschaftlern, etwas von den Fortschritten und Problemstellungen der Physik auf diesem Gebiete zu hören, hat uns bewogen, die Vorträge als Autoreferate in Buchform herauszugeben. Es liegt in der Weite des Gebietes begründet, daß die einzelnen Beiträge sachlich scheinbar recht isoliert dastehen, trotzdem sie als zusammenfassende Referate stets den Inhalt vieler Veröffentlichungen in sich schließen. Um diesen Eindruck zu mildern, habe ich den Vorträgen ein kleine „Einleitung" für die „Nichtkernspezialisten" vorangestellt, die neben der Verbindung der einzelnen Teile auch einige Punkte berühren soll, die sonst nicht zur Sprache kommen. Irgendeine einigermaßen vollständige Übersicht des Standes der Kernphysik heutigestages ist bei der Beschränkung des Raumes völlig ausgeschlossen; Andeutungen müssen genügen.

Zürich, September 1936.

E. BRETSCHER.

Inhaltsverzeichnis.

Einleitung.

Von E. Bretscher-Zürich.

Mit 1 Abbildung.

I. Kernphysik.

Die Physik interessiert sich zunächst für folgende Charakteristika des Atomkernes: elektrische Ladung, Masse, räumliche Ausdehnung, mechanisches Drehmoment, magnetische und elektrische Momente, Energieinhalt. Weiter kann man nach der Möglichkeit der Umwandlung einer Atomsorte in eine andere fragen; ferner interessiert der Aufbau der Kerne aus einzelnen Bestandteilen und die Kräfte, die die einzelnen Teilchen zusammenhalten. Man möchte gerne ein möglichst vollständiges Bild besitzen, das alle Eigenschaften und Vorgänge des Kernbaues umfaßt. Daß wir noch recht weit von diesem Ziel entfernt sind, wird sich bald herausstellen.

a) Ladung der Kerne. Wir wissen, daß das Atom als Ganzes neutral ist; es ist aufgebaut aus einem Atomkern, der eine Ladung $Q = Ze$ (e positive Einheitsladung $E = 4{,}80 \cdot 10^{-10}$ e.s.E., Z ganze Zahl) trägt und Z den Kern umgebenden Elektronen mit der konstanten Elementarladung $-e$. Es sind speziell die äußeren Elektronen, die die optischen und chemischen Eigenschaften des Atoms bestimmen. Die Anzahl Z kann man erforschen, indem man geladene Teilchen (α-Teilchen) auf das in Frage stehende Material schießt und aus dessen Streuvermögen nach der Rutherfordschen Formel auf die Ladung Z schließt. Diese prinzipiell wichtige Methode ist leider technisch schwierig durchzuführen und unbrauchbar bei Elementgemischen. Zur Bestimmung der Ladung eines Atoms dient heute als sicherster Weg die Aufnahme des Röntgenemissionsspektrums. Das Elementengemisch wird durch Elektronen angeregt und die charakteristische Frequenz ν der emittierten Strahlung bestimmt. Aus dem Moseleyschen Gesetz weiß man, daß ν proportional mit $\sqrt{Z}$ geht. Die Ladung eines Ions geht noch beim Massenspektrographen ein, allerdings nur in der Kombination e/m.

Sämtliche Elemente der Ladungszahlen 1 bis 92 (H bis U) sind heute bekannt, mit Ausnahme der Elemente der Nummern $Z = 82$ und 87.

b) Masse der Atomkerne. Das Atomgewicht eines Atoms kann man definieren als das Gewicht von $6{,}06 \cdot 10^{23}$ Atomen. Ein Überblick über die Atomgewichtstabelle zeigt, daß eine ganze Reihe von Elementen beinahe ganzzahlige Atomgewichte besitzen, was heißen würde, daß die Masse der Atome augenscheinlich um ganze Einheiten fortschreitet. Daß dies sehr genau der Fall ist, hat sich durch die ASTONschen massenspektrographischen Messungen herausgestellt. Es steht heute fest, daß jene Elemente, deren Masse nicht ganzzahlig ist, aus Gemischen bestehen, deren Bestandteile verschieden schwer, aber gleich geladen sind: Isotope. Während die Zahl der chemischen Elemente 92 beträgt, hat man bis heute mit Hilfe der Massenspektroskopie und der Atomumwandlungsprozesse etwa 280 verschiedene Atomkernarten festgestellt. Beispielsweise sind bekannt: die Wasserstoffisotopen H_1^1, H_1^2, H_1^3, die Heliumisotopen He_2^3, He_2^4, He_2^5, dann folgen Li_3^6, Li_3^7, Li_3^8 — Be_4^8, Be_4^9, Be_4^{10} usw. Bekannt ist die Existenz aller ganzzahligen Massen von 1 bis 238.

Während es leicht ist, die Kerne nach ihrer Ladung zu sortieren, da dieselbe mit den chemischen Eigenschaften der Atome zusammenhängt, ist es sehr schwer, sie bei gleicher Ladung nach ihrer Masse zu trennen. Die Isolierung der Isotopen stellt heute ein äußerst wichtiges Forschungsgebiet der Physik dar, da für die reinliche Untersuchung von Kernreaktionen das Experimentieren mit den einzelnen Atomsorten sehr wichtig ist. Die meisten Eigenschaften hängen bedauerlicherweise aber nicht sehr stark von der Masse ab, so daß diese Trennung stets eine sehr schwierige Angelegenheit ist. Die Schwierigkeiten nehmen mit steigendem Atomgewicht stark zu, weil der relative Massenunterschied benachbarter Isotope immer kleiner wird. Bis heute werden zur Isolierung makroskopischer Quantitäten von Isotopen nachstehende Methoden verwendet: Diffusion durch poröse Wände (Neonisotope), Elektrolyse (schwerer Wasserstoff), Massenspektroskopie (Li-Isotope), Isotopeneffekt an Absorptionslinien (nur partielle Trennung von Cl, Hg).

Weit seltener sind isobare Atomkerne, d. h. solche, die bei gleicher Masse verschiedene Ladung haben: H_1^3, He_2^3 — Li_3^8, Be_4^8 — B_5^{12}, C_6^{12} — Zr_{40}^{96}, Mo_{42}^{96}, Ru_{44}^{96} — Sn_{50}^{124}, Te_{52}^{124}, X_{54}^{124}.

c) **Räumliche Ausdehnung.** Es ist von vornherein aussichtslos, einem Atomkern eine „Größe" im Sinne des makroskopischen starren Körpers zuzuschreiben, genau so wie es unmöglich ist, von der genau definierten Größe eines Atoms zu reden; denn die Wirkung auf einen Probekörper hört nicht unstetig auf, sondern es vermindert sich die Wechselwirkung zwischen demselben und dem Prüfobjekt mit zunehmender gegenseitiger Distanz. Daher muß man eine geeignete Definition dieser Größe finden. Beispielsweise kann man etwas über die Größe eines Atomkernes erfahren durch Untersuchung der Streuung von α-Teilchen an demselben. Aus solchen Versuchen ergibt sich ein Kerndurchmesser von 1 bis $2 \cdot 10^{-13}$ cm für H bis gegen 10^{-12} cm für Uran.

Beachtet man, daß das, was man Masse nennt, auf den kleinen Raum von 10^{-13} cm konzentriert ist, während das Atom als Ganzes 10^{-8} cm groß ist, so erkennt man die ungeheure „Dichte eines Atomkernes".

d) Spin der Kerne und magnetisches Moment. Wie dem Elektron, dessen Spin zur Multiplizität der Spektrallinien führt, so kommt vielen Kernen ein Drall zu, der zur Hyperfeinstruktur Anlaß gibt. Die Größe der Termaufspaltung ist bei Kernspin viel kleiner, weil das magnetische Moment der Kerne um den Faktor $\frac{\text{Elektronenmasse}}{\text{Protonenmasse}}$ kleiner ist als jenes des Elektrons. In Analogie zum magnetischen Moment des Elektrons wird als Einheit das „Kernmagneton" verwendet $\left(\mu = \frac{1}{2}\frac{e}{M}\frac{\hbar}{c}\right.$, wobei M die Protonenmasse ist). Zur Feststellung des Dralles der Kerne gibt es außer der Hyperfeinstruktur noch den Intensitätswechsel der Rotationslinien von Molekülspektren, die Depolarisation der Resonanzstrahlung, die Molekularstrahlversuche und andere vom statistischen Gewicht der Zustände abhängige Erscheinungen, wie spez. Wärme, Wärmeleitfähigkeit usw.

Beispielsweise hat sich gezeigt, daß der Spin des Deuterons $I = 1$ ist, während jener des Protons $= \frac{1}{2}$ ist. Da man mit Sicherheit weiß, daß der Bahnimpuls des Deuterons verschwindet, muß man schließen, daß der Spin des Neutrons auch $\frac{1}{2}$ ist. Die beiden mechanischen Momente des Protons und des Neutrons sind also parallel gerichtet, der Grundzustand des Deuterons ist ein Triplett. Das magnetische Moment des Protons wurde zu 2,9 Kernmagnetonen gefunden, während jenes des Deuterons nur 0,9 beträgt, d. h. aber, daß das magnetische Moment des Neutrons negativ, etwa -2μ, ist.

e) Energieinhalt der Kerne. Genau so, wie man sich für den Energiegewinn eines Moleküles interessieren kann, wenn man dasselbe aus einzelnen Atomen aufbaut, kann man nach der Energie fragen, die frei wird, wenn man einen Atomkern aus den Elementarteilchen, Neutronen und Protonen zusammensetzt. Im letzteren Falle hat man nur die Masse des in Frage stehenden Kernes zu kennen und von der Summe der Massen der beteiligten Elementarteilchen zu subtrahieren, um die Bildungsenergie des Kernes in Masseneinheiten zu kennen. Wegen $E = Mc^2$ erhält man für die ΔM entsprechende Energie in Elektronenvolt: $V = \Delta M \cdot 931$ MV (Millionen Volt). Bei der Synthese des Sauerstoffs werden beispielsweise frei:

$$[(8 \cdot 1{,}0081 + 8 \cdot 1{,}0090) - 16{,}0000]\, 931 \text{ MV} = 127 \text{ MV}.$$

Selbstverständlich muß jeder Kern gegen jedmöglichen Kernzerfall stabil sein (wenigstens bei den leichten Elementen), z. B. muß der Übergang O^{16} zu $4\,He^4$ endotherm sein, was auch zutrifft, denn O^{16} ist um 0,0154 g leichter als $4\,He^4$. Zur Aufspaltung von O^{16}_8 in He^4_2

wäre also eine Energie von 0,0154 · 931 MV notwendig. Man sieht, daß die Umwandlung von Kernen eng mit den Massen der Kerne verknüpft ist und damit allgemeinstes Interesse beansprucht (Vorträge OLIPHANT und COCKCROFT).

f) Kernreaktionen. Da zu Kernreaktionen eine Anzahl verschiedener Partikel zur Verfügung stehen, kann man die Gesamtheit der Umsetzungen nach der Partikelart ordnen. In Frage kommen: Quanten, Neutronen, Protonen, Deutonen, α-Teilchen, Elektronen.

1. Atomumwandlungen durch Quanten. Bis heute kennt man nur zwei Reaktionen, die durch γ-Strahlung hervorgebracht werden können, nämlich:

$$H_1^2 + h\nu \rightarrow H_1^1 + n,$$
$$Be_4^9 + h\nu \rightarrow Be_4^8 + n.$$

Die erste dieser Reaktionen ist besonders wichtig, da sie die Bindungsenergie des Neutrons sehr genau liefert. Verwendet man zur Reaktion die monochromatische γ-Strahlung (ThC 2,62 MV), und läßt man den Vorgang sich in einer WILSON-Kammer abspielen, so erhält man durch die Länge der entstehenden Protonenspuren deren kinetische Energie. Da die Massen des Neutrons und Protons nahezu gleich sind, verteilt sich auch die über die Bindungsenergie des Neutrons im Deuton hinaus überschüssige Energie des γ-Strahles gleichmäßig auf beide Teilchen. Im vorliegenden Fall wurde für die Energie des Protons 0,18 MV gefunden, so daß die ganze kinetische Energie beider Teilchen zusammen 0,36 MV beträgt. Die Bindungsenergie ergibt sich also zu 2,62 − 0,36 = 2,26 MV. Da die Masse des H^2, bezogen auf das Wasserstoffmolekül durch massenspektrographische Messungen sehr genau bekannt ist, kann man die Masse des Neutrons mit großer Zuverlässigkeit ableiten: $H^2 = 2{,}0148$, $H^1 = 1{,}0081$, woraus sich die Neutronmasse ergibt zu: $m_n = 2{,}0148 - 1{,}0081 + 0{,}0024 = \mathit{1{,}0091}$.

Im Falle des Be^9-Photoeffektes wird die Bindungsenergie aus der photoelektrischen Grenzenergie zu 1,7 MV geschätzt. Durch Bestrahlung von Be^9 oder H^2 mit monochromatischer γ-Strahlung geeigneter Härte kann man bequem nahezu monochromatische Neutronen herstellen.

Element	Bindungsenergie des Neutrons in MV	Element	Bindungsenergie des Neutrons in MV
H_1^2	2,26	Be_4^{10}	7,0
H_1^3	6,1	B_5^{11}	4,9
He_2^4	20,6	N_7^{15}	10,8
Li_3^7	7,2	C_6^{13}	4,9
Be_4^9	1,78	O_8^{17}	4,1

Daß bis heute keine weiteren Elemente durch γ-Strahlung zertrümmert werden konnten, liegt an der im allgemeinen hohen Bindungsenergie des Neutrons. Da die Massen der leichten Elemente genügend genau bekannt sind, habe ich aus denselben zur Illustrierung des Gesagten die Bindungsenergie des Neutrons einiger Elemente ausgerechnet (siehe Tabelle).

2. Atomumwandlungen durch Neutronen. Es hat sich gezeigt, daß Neutronen entweder eingefangen werden und damit zur Bildung des nächst höheren Isotopen Anlaß geben, oder dann den Kern umsetzen. Es ist auf Grund des vorhandenen Materiales durchaus natürlich, die Einfangung des Neutrons als einen ersten Prozeß zu betrachten, der etwa vom Element A_Z^M zu A_Z^{M+1} führt, wobei letzteres aber noch um die Bindungsenergie + kinetische Energie des Neutrons über dem Grundniveau angeregt ist. Je nach dem speziellen Fall kann der angeregte Kern A_Z^{M+1} in einem vom ersten unabhängigen zweiten Prozeß unter γ-Strahlung in den Grundzustand übergehen oder unter Emission eines Protons oder α-Teilchens in A_{Z-1}^M oder A_{Z-2}^{M-3} übergehen.

Die Möglichkeit, daß ein schnelles Neutron in den Kern eindringt, dort einen Teil seiner Energie abgibt und dann den Kern wieder verläßt, wobei der angeregte Kern entweder unter γ-Emission in den Grundzustand übergeht oder ein Teilchen aussendet, ist wahrscheinlich auch schon beobachtet worden.

Als Beispiele für die einfache Einfangung eines Neutrons sollen aus der großen Anzahl beobachteter Fälle nur wenige angeführt werden:

$$H^1 + n = H^2 + h\nu.$$

Weil diese Reaktion die Umkehrung des Photoeffektes darstellt, weiß man, daß die Bindungsenergie des Neutrons im Betrag von 2,26 MV frei wird, wahrscheinlich als nur ein γ-Quant, falls die kinetische Energie des Neutrons klein ist. Die genaue Untersuchung dieser und der dazu inversen Reaktion sind außerordentlich wichtig, weil das Deuteron als der einfachste der zusammengesetzten Kerne der theoretischen Behandlung am leichtesten zugänglich ist. Es soll in diesem Zusammenhang auf den Vortrag DUNNING hingewiesen werden, der u. a. die Beziehungen zwischen Experiment und Deuterontheorie beleuchtet.

Außer dieser gibt es noch eine ganze Anzahl von Einfangreaktionen, z. B. Hg, Cd, Cu, die stets unter γ-Emission verlaufen (Vortrag FLEISCHMANN). Bei allen diesen Vorgängen hat es sich gezeigt, daß die Ausbeute an reagierenden Kernen außerordentlich steigt, wenn man die Neutronen durch Kollision mit Wasserstoffkernen, etwa in Paraffin, verlangsamt (Vortrag DUNNING). Dies ist leicht verständlich, denn die Zeit, die ein fliegendes Neutron im Kern zubringt, ist $t = d/v$ (d Kerndurchmesser, v Neutronengeschwindigkeit) und die Wahrscheinlichkeit, daß das Neutron im Kern haften bleibt, zur Verweilzeit proportional (selbstverständlich kann die Einfangung noch anderweitig von v abhängen). Beachtet man, daß die Geschwindigkeit schneller Neutronen von der Größenordnung 10^8 cm sec^{-1}, jene thermischer Energie 10^5 cm sec^{-1} ist, so sieht man, daß ein langsames Neutron etwa 1000mal länger im Kern verweilt. Diese Abhängigkeit der Einfangwahrscheinlichkeit von der Neutronengeschwindigkeit spiegelt sich im Absorptionsvermögen der Materie gegen langsame Neutronen. Insbesondere weiß man, daß aus einem Neutronengemisch, das neben solchen thermischer Geschwindigkeit ($E = 0{,}025$ Volt) solche höherer Energie enthält, durch Cd nur die thermischen eliminiert werden, während sich z. B. bei Brom neben der thermischen noch eine bei 160 Volt gelegene Absorptionsbande befindet (Vortrag v. HALBAN und PREISWERK). Durch die Verlangsamung der Neutronen steigen die Absorptionsquerschnitte σ in gewissen Fällen ungeheuer an, z. B. steigt für Gd σ von etwa 10^{-24} cm² für schnelle Neutronen auf $3 \cdot 10^{-20}$ für langsame, d. h. der scheinbare Durchmesser des Atomkernes erhöht sich von $8 \cdot 10^{-13}$ cm auf $2 \cdot 10^{-10}$ cm, so daß die Absorptionszone für langsame Neutronen schon weit in die Bahn der innersten Elektronen übergreift ($a = 8 \cdot 10^{-11}$ cm).

Viele dieser durch Neutroneneinfang entstehenden Kerne sind unstabil, indem sie unter Emission eines Elektrons in das nächst höhere stabile Element übergehen, z. B.

$$\mathrm{Na}_{11}^{23} + n = \mathrm{Na}_{11}^{24} + h\nu \qquad \mathrm{Na}_{11}^{24} \rightarrow \mathrm{Mg}_{12}^{24} + e^{-}.$$

Auf diese Weise hat man eine große Anzahl radioaktiver Kerne hergestellt. Besonders bemerkenswert ist es, daß man durch Einwirkung von Neutronen auf U ($Z = 92$) ein neues U-Isotop darstellte, das unter β-Emission in das nächst höhere Element Ekarhenium ($Z = 93$) übergeht. Damit ist die Synthese eines neuen, in der Natur nicht vorkommenden Elementes gelungen, welches das periodische System über Uran hinaus fortsetzt (s. Vortrag MEITNER).

Liegen mehrere Isotope eines Elementes vor, so kann jedes derselben einen aktiven Körper hervorbringen, die sich meist durch ihre Zerfallszeiten voneinander unterscheiden, z. B.:

$$\mathrm{Cu} + n = \mathrm{Cu}\,(5'), \qquad \mathrm{Cu}\,(10^{\mathrm{h}})$$

$$\mathrm{Ru} + n = \mathrm{Ru}\,(40''), \quad \mathrm{Ru}\,(100''), \quad \mathrm{Ru}\,(11^{\mathrm{h}}), \quad \mathrm{Ru}\,(75^{\mathrm{h}}).$$

Neben langlebigen sind auch kurzlebige Elemente gefunden worden, deren Halbwertszeit von der Größenordnung Sekunden ist ($\mathrm{Be}^{10} \sim 0{,}9$ sek).

Wie eingangs erwähnt, ist es auch möglich, daß der Kern unter Emission schwerer Teilchen zerfällt. Die freiwerdende Energie tritt hier als kinetische Energie auf:

$$\mathrm{Li}_3^6 + n = \mathrm{He}_2^4 + \mathrm{H}_1^3$$

$$\mathrm{B}_5^{10} + n = \mathrm{He}_2^4 + \mathrm{Li}_3^7.$$

Die Wirkungsquerschnitte dieser beiden Reaktionen sind auch sehr groß.

3. Atomumwandlungen durch Protonen. Für Protonen-

umwandlungen bzw. Umwandlungen durch geladene Teilchen im allgemeinen, liegen die Verhältnisse folgendermaßen: Schießt man ein Proton gegen einen Atomkern, so wird das Teilchen seiner gleichnamigen Ladung wegen vom Kern zurückgestoßen. Ist die kinetische Energie des Protons groß genug, so überwindet es die Abstoßung und tritt in den Kern ein, wo es den anziehenden Kernkräften unterliegt, die das ganze Atom zusammenhalten. Schematisch wird der Potentialverlauf etwa folgendermaßen (Abb. 1) dargestellt, wobei man sich einen Potentialtopf denkt, der nach außen im COULOMB-Feld abfällt. Ein H-Teilchen, der in der Figur angegebenen Energie, kann nach den Gesetzen der klassischen Mechanik nicht ins Innere gelangen, da es ja zuerst die ganze Höhe des Potentialberges überwinden müßte. Nach der Wellenmechanik ist es für das Teilchen auch in diesem Falle möglich, in das Kerninnere einzudringen (in Analogie zur Totalreflexion einer Lichtwelle an einem Medium mit kleinerem Brechungsindex, wobei diese für eine Tiefe der Größenordnung der Lichtwellenlänge in das zweite Medium eindringt, aber an Intensität exponentiell abfällt). Obschon die Potentialberge auch bei leichten Kernen hoch sind (einige MV), können H-Teilchen von z. B. 10^5 Volt trotzdem in den Kern eindringen. Mit abnehmender Teilchenenergie nimmt zwar die Wahrscheinlichkeit dafür exponentiell ab, aber da die Teilchenzahl sehr groß ist, kann man die Umwandlung trotzdem beobachten. Der Zusammenhang zwischen Zertrümmerungsausbeute und Teilchenenergie, die Anregungsfunktion, ist für alle geladenen Teilchen typisch und in ihrem Habitus dieselbe. Es ist klar, daß die Eindringungswahrscheinlichkeit eines geladenen Teilchens wegen der elektrostatischen Abstoßung mit zunehmender Kernladung Z abnimmt. Daher hat man Atomumwandlungen mit künstlich beschleunigten Teilchen bis heute nur an leichten Kernen beobachtet.

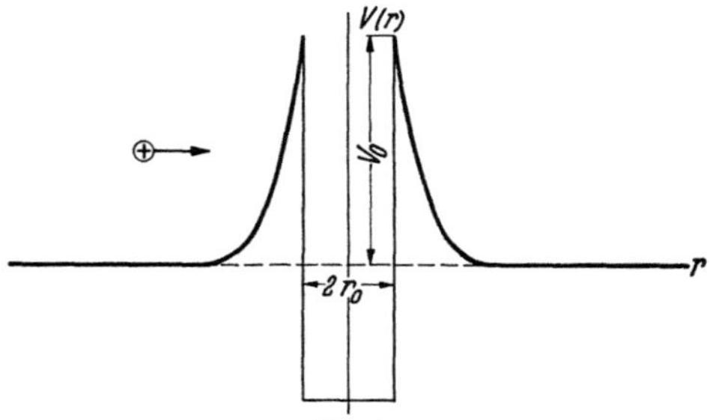

Abb. 1.

Der Wert der Ergebnisse, die uns solche Atomumwandlungen liefern, liegt, wie schon früher angeführt, u. a. in der Kenntnis der Reaktionsenergie. Wenn wir eine größere Anzahl solcher Reaktionen samt den Wärmetönungen kennen, ist es möglich, aus solchen Messungen allein die genauen Massen der beteiligten Atomkerne zu berechnen. (Vorträge OLIPHANT und COCKCROFT.)

4. Atomumwandlungen durch Deutonen. Die Umwandlungen mit Deutonen haben sich als ganz besonders fruchtbar erwiesen.

Einerseits verlaufen sie ähnlich wie Protonenumwandlungen, z. B.:

$$Li_3^6 + H_1^2 = 2He_2^4$$

$$Li_3^7 + H_1^1 = 2He_2^4,$$

während anderseits ein ganz neuer Umwandlungstypus entdeckt wurde:

$$Na_{11}^{23} + H_1^2 = Na_{11}^{24} + H_1^1$$

$$Al_{13}^{27} + H_1^2 = Al_{13}^{28} + H_1^1$$

$$Si_{14}^{30} + H_1^2 = Si_{14}^{31} + H_1^1.$$

Es ist charakteristisch für diese Reaktionen, daß die Anregungsfunktion viel flacher verläuft als jene der Protonen- oder des ersten Typus der Deuteronumwandlungen. Der Mechanismus dieser Vorgänge ist folgender: Das Deuteron braucht nicht in den Kern einzudringen, sondern gibt beim Vorbeifliegen am Kern sein Neutron an diesen ab, während sich das Proton allein weiterbewegt. Daher führt diese Reaktion meist zum gleichen Resultat wie die Anlagerung langsamer Neutronen. Da die Zertrümmerungspartikel H_1^2 in diesem Falle weniger nahe an den Kern herankommen müssen, gelingen Umwandlungen bis zu schwerern Atomen (z. B. Cu: $Z = 29$), wo der übliche Mechanismus geladener Partikel der hohen Kernladung wegen versagen müßte.

5. Umwandlungen durch α-Teilchen. Die erste Atomumwandlung, die im Jahre 1919 von RUTHERFORD beobachtet wurde, betrifft den Vorgang $N_7^{14} + He_2^4 = O_8^{17} + H_1^1$. Da α-Teilchen durch die radioaktiven Präparate relativ leicht beschaffbar sind, ist die Zahl der Versuche, die unter Verwendung von α-Teilchen ausgeführt wurden, recht groß. Die große Energie, die sie haben müssen, um trotz ihrer doppelten Ladung in den Atomkern einzudringen, bewirkt aber, daß die neugebildeten Kerne oft angeregt sind und später unter γ-Emission in den Grundzustand übergehen. Daher ist die aus der kinetischen Energie der Atomtrümmer geschlossene Reaktionsenergie nicht konstant, weil es nicht gelingt, die γ-Energie gleichzeitig zu messen. Erst neuere Koinzidenzmessungen bringen die nötige Klärung. Für Massenbestimmungen sind also α-Teilchenumwandlungen nur mit größter Vorsicht zu gebrauchen. Auf bevorzugtes Eindringen von α-Teilchen bestimmter Energie, die Resonanzeindringung, soll hier nur kurz hingewiesen werden.

6. Umwandlung durch Elektronen. Einwandfrei festgestellt ist bis heute noch keine Umwandlung durch Elektronen. Solche Prozesse sind aber denkbar, wenn man sich erinnert, daß das elektromagnetische Feld eines an einem Kern vorbeifliegenden Elektrons sich als Superposition von Wellen aller Frequenzen darstellen läßt, wobei die einzelnen Wellen zum Photoeffekt Anlaß geben werden. Doch kann man zeigen, daß dieser Vorgang einen sehr kleinen Wirkungsquerschnitt besitzt.

Der andere Fall, die direkte Einwirkung eines Elektrons durch Eindringen in den Kern, ist deshalb sehr unwahrscheinlich, weil zum Übergang eines Kernprotons in ein Kernneutron gleichzeitig ein Neutrino absorbiert werden muß.

g) Das Neutrino und damit zusammenhängende Fragen. Untersucht man die Energie von α-Teilchen, die von einem bestimmten radioaktiven Element ausgesandt werden, so findet man, daß alle Teilchen dieselbe kinetische Energie haben. Dies ist ebenso natürlich, als man etwa beim Verbrennen eines Kohlenstoffatoms zu CO_2 stets die gleiche Wärmemenge bekommt, wie oft man auch den Versuch macht. Beim β-Zerfall, der radioaktiven Elektronenemission, ist dies nicht der Fall. Man findet Elektronen kontinuierlich über den ganzen Energiebereich von kleinen Werten bis zu einer für jeden β-Strahler charakteristischen oberen Grenze E_m. Oberhalb E_m gibt es keine Elektronen, während unterhalb das Spektrum kontinuierlich ist. Nach obigem sieht man leicht, daß diese harmlos scheinende Beobachtung mit dem Energiesatz in Konflikt kommt, da es sicher ist, daß der Ausgangszustand und der Endzustand für alle Teilchen der gleiche ist. Nachdem aber auch feststeht, daß eine γ-Strahlung für das Zustandekommen der kontinuierlichen Energieverteilung nicht verantwortlich gemacht werden kann, hat man als Arbeitshypothese die Vermutung aufgestellt, daß gleichzeitig mit der β-Emission ein ungeladenes Teilchen, ein Neutrino, emittiert wird, das etwa Elektronenmasse oder eine kleinere Masse hat. Dieses Teilchen hat die Aufgabe, die Energiedifferenz: Wärmetönung minus Elektronenenergie zu übernehmen. Die obere Grenze E_m des Elektronenspektrums ist dann gleich der Wärmetönung des Prozesses, da in diesem Falle das Neutrino keine kinetische Energie erhält: $Q = E_m = E_e + E_\nu$. Die Konzeption des Neutrinos hat damit die Erhaltung des Energiesatzes gewährleistet. Sie ist aber nur eine durch die Erfahrung gestützte ad hoc-Hypothese. Eine andere Seite des β-Problems ist noch der Lösung nähergerückt: die theoretische Darstellung der experimentell gefundenen Energieverteilung der Elektronen. Während man früher annahm, daß das Elektron schon im Kern vorgebildet sei, ist man heute der Auffassung, daß es erst im Moment der Emission gebildet wird, indem ein Kernneutron in ein Proton übergeht. Neutron und Proton werden als zwei Zustände aufgefaßt, zwischen denen es Übergänge gibt, wie sie zwischen den Niveaus der Elektronenzustände eines Atoms vorkommen. Fermi hat eine solche Theorie entwickelt, die in der Modifikation von Uhlenbeck und Konopinski den experimentellen Resultaten scheinbar entspricht. Wie vorgegangen werden kann, wenn man Massenberechnungen anstellen will unter Verwendung von Reaktionen, die Elektronenemission enthalten, zeigt der Vortrag Cockcroft.

II. Experiment und Photonentheorie des Compton-Effektes.

Der Photonentheorie des Compton-Effektes liegt bekanntlich folgendes Bild zugrunde: Ein Lichtquant kollidiert mit einem ruhenden freien Elektron und überträgt dabei auf dasselbe einen Teil seiner Energie, während es selbst um denselben Energiebetrag ärmer wird. Durch Impuls- und Energiesatz sind die verschiedenen Bestimmungsstücke festgelegt. Aus diesem Mechanismus resultieren folgende Konsequenzen: a) Das gestreute Photon und das Rückstoßelektron treten gleichzeitig auf. b) Die Bewegungsrichtungen des Streuphotons und des Rückstoßelektrons sind gekoppelt. c) Die Bewegungsrichtungen des primären, des sekundären Quants und des Elektrons liegen in einer Ebene.

Shankland hat diese Punkte durch Koinzidenzmessungen des Rückstoßelektrons und des Streuphotons zu prüfen versucht, nachdem schon von anderer Seite ihre Erfüllung angezweifelt worden war. Seine Resultate waren negativ, indem scheinbar alle Koinzidenzen durch Zufallskoinzidenzen erklärt werden konnten. Das würde bedeuten: entweder ist a) falsch oder a) trifft zu und b) und c) sind nicht erfüllt. Der Vortrag Bothe steht den Shanklandschen Resultaten entgegen und zeigt, daß Versuche mit ThC-Strahlung den Erfordernissen der Photonentheorie entsprechen. (Siehe auch Vortrag G. Bernardini und S. Franchetti.)

III. Kosmische Strahlung.

Im Jahre 1912 wurde von V. F. Hess eine äußerst durchdringende, stets gegenwärtige Strahlung entdeckt. Im wesentlichen wurden zu ihrer Untersuchung drei Methoden verwendet: 1. Die Ionisationskammer für Dauerregistrierungen; 2. Zählrohrversuche, speziell in Koinzidenzschaltung; 3. Wilson-Aufnahmen, womöglich im Magnetfeld, um die Energie der einzelnen Teilchen festzustellen, und ferner Kombinationen von 1. und 2. und häufig 2. und 3. (Blackett). Die Resultate der Messungen, die der kleinen Intensität der Strahlung wegen oft unsicher sind, sagen etwa folgendes aus:

Die Ionisation, die auf Meereshöhe etwa 2 Ionenpaare/cm^3 sec (I) beträgt, steigt in großer Höhe auf über 300 I. Daraus muß man schließen, daß die Strahlung außerterrestrischen Ursprungs ist. Ferner findet man, daß sie von der geographischen Breite abhängt, indem sie am Äquator schwächer ist als in größeren Breiten. Dies wird erklärt durch die Wirkung des Magnetfeldes der Erde auf die einströmenden geladenen Teilchen. Man kann rechnerisch zeigen (Störmer, Lemaitre-Vallarta), daß Teilchen einer bestimmten Energie V nur in eine bestimmte Zone kommen können, die zwischen den Polen und der (magnetischen) Breite λ liegt (für den Spezialfall meridionaler Inzidenz und Vorliegen eines magnetischen Dipolfeldes), wobei

$$V_\lambda = 1{,}9 \cdot 10^{10} \cos^4 \lambda$$

ist. Man muß noch beachten, daß das von außen kommende Teilchen eine Mindestenergie besitzen muß, um überhaupt die Erdatmosphäre durchdringen zu können. Man findet, daß die Ionisation von 90° bis etwa 50° Breite konstant bleibt und zwischen 50 und 45° abnimmt. Daraus berechnet sich die Energie, die zum Durchlaufen der Atmosphäre notwendig ist, auf $4 \cdot 10^9$ eV. Dieser Breiteneffekt beträgt auf Meereshöhe etwa 12% und nimmt mit der Höhe über Meer stark zu. Daraus erhält die Annahme, daß die kosmische Strahlung aus geladenen Teilchen besteht, eine äußerst starke Stütze. Gleichfalls mit dem magnetischen Erdfeld hängt der West-Ost-Effekt zusammen, indem die Intensität, gemessen in der Äquatorialebene (mit hintereinandergestellten Zählrohren in Koinzidenzschaltung), aus dem Westen stärker ist als in östlicher Richtung, was, wie man aus theoretischen Überlegungen ersehen kann, nur bei Vorwiegen positiv geladener Teilchen möglich ist. Eine Aussage, ob diese Teilchen Protonen oder Positronen sind, läßt sich aber bis heute nicht machen. Aus dem großen Durchdringungsvermögen der Strahlung muß man auf sehr schnelle Teilchen schließen, bei denen sich das Ionisierungsvermögen eines Positrons nicht wesentlich von jenem eines Protons unterscheidet (Wechselwirkung zwischen Höhenstrahlpartikel und Materie siehe Vortrag WILLIAMS). Sehr erschwerend auf die Klärung der Vorgänge wirkt der Umstand, daß die Theorie im Gebiet der außerordentlich großen Energien nicht mehr zuständig ist. Die allgemeinen Eigenschaften der kosmischen Primärstrahlung werden vom Vortrag CLAY behandelt; die harten und weichen Komponenten derselben diskutiert Vortrag AUGER.

Das vielleicht interessanteste Phänomen, das mit der kosmischen Strahlung verbunden ist, liegt in der Existenz der „Schauer", der Elektronengarben (Vortrag GEIGER). Zum Schluß darf ich darauf hinweisen, daß gerade kürzlich durch HEISENBERG ein Mechanismus gefunden wurde, der die Schauerbildung liefert und der an die FERMIsche β-Zerfallstheorie anknüpft. Auf die erstmalig von BLACKETT beobachtete Zertrümmerung eines Atoms durch kosmische Strahlung sei noch speziell aufmerksam gemacht. (Diskussionsbeitrag von Dr. WILLIAMS.)

I. Kernphysik.

The interaction of neutrons with matter.

By J. R. DUNNING-New York.

With 7 figures.

The interaction of neutrons with matter has now been studied by a number of investigators from various view-points, and many of the phenomena associated with the neutron spectrum from 0.005 eV to 10 or 15 MV are now becoming clearer.

In our work at the Pupin Physics Laboratories, we have used largely Rn-Be neutron sources of 600 to 1200 mc strength, of the type now used by many other experimenters. The original energy spectrum of neutrons from such sources which come largely from the reaction ${}^{9}_{4}\mathrm{Be} + {}^{4}_{2}\mathrm{He} \rightarrow {}^{12}_{6}\mathrm{C} + {}^{1}_{0}n\ (+\ \gamma)$ (although a small percentage is produced from the photo-disintegration of Be and from the glass), is quite complex (*1*—*4*). It consists of a few neutrons with energies as high as 13.5 to 14 MV, in good accord with the mass-energy relations, and fairly large numbers of neutrons in several groups whose maximum energies are of the order of 4.5 to 7 MV, and extending down to at least 0.1 MV which is about the lower limit of detection of single neutrons through the ionization due to projected protons with a linear amplifier detection system. The total number of neutrons from such sources is around 15,000 to 20,000/sec/mc, or about 1 neutron for 0,5 to $0.75 \cdot 10^4$ alpha particles, as determined by extrapolation of slow neutron production curves in paraffin and allowing for absorption (*5*) (*6*). In order to account for this total number, after allowing for the fast neutrons above 0.1 MV, it appears that at least one half of the neutrons emitted originally from Rn-Be sources must have energies below 0.1 MV, possibly down to 100 or 1000 eV, as indicated by fig. 1. We have as yet no accurate methods of detecting or measuring neutrons in the 1000 to 0.1 MV region. These low energy neutrons, together with the neutrons scattered back with large energy losses from floors, tables, adjacent apparatus etc., particularly when these contain hydrogen, have complicated many experiments with slow neutrons and artificial radioactivity.

First let us consider those neutrons in the region of the spectrum above 0.1 MV, which for convenience we have called "fast neutrons". The total neutron-nucleus cross-sections (capture + scattering) have been studied for these non-homogeneous neutrons above 0.1 MV by

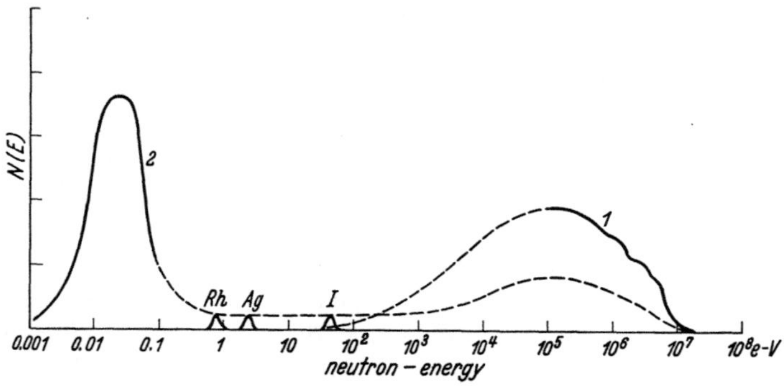

Fig. 1. *Neutron spectrum.* The original energy spectrum from Rn-Be sources is indicated approximately by curve 1, the part below 10^5 eV being only schematic. Curve 2 shows roughly the distribution of neutrons emerging from a paraffin sphere 10 cm in radius. The ordinates are not intended to indicate absolute values. Positions of the resonance neutrons for Rn, Ag and I are indicated[1].

interposing uniform samples of various elements into an approximately parallel beam of neutrons from source to detector, where the effective scattering angle to remove a neutron from the beam is about 15° (*1*) (*5*). These cross-sections have approximately constant values of the

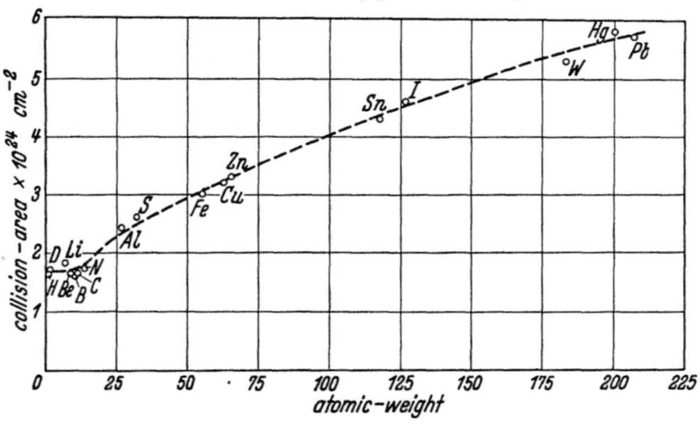

Fig. 2. Neutron-nucleus collision cross-sections of the various elements for fast neutrons.

order of $1.7 \cdot 10^{-24}$ cm for all the light elements, H, D, Li, Be, B and C, and then follow a fairly smooth curve of the form

$$\sigma \sim (\text{atomic weight})^{2/3}$$

up to about $5.8 \cdot 10^{-24}$ cm^2 for Pb. These values agree fairly well with nuclear dimensions inferred from other types of measurements.

[1] Bromine has a resonance level at about 160 eV, as shown by carefull measurements due to GOLDSMITH.

The dependence of neutron interaction with various nuclei on neutron energy throughout the spectrum is one of the most interesting experimental and theoretical questions. Measurements have not as yet been possible with homogeneous beams of neutrons selected from various parts of the energy spectrum under good geometrical conditions. However, there is no evidence at present that large changes in total cross-section occur above 10^5 eV. We have made a number of experiments to study such dependence in the "fast" neutron region. Measurements (*7*) (*5*) (*6*) have been made using the upper and lower parts of the spectrum above 0.1 MV under the same geometrical conditions as before, by making observations first with a thin (0.07 mm) paraffin layer front on the ion chamber and high amplifier sensitivity so that the low energy neutrons in the 0.1 to 0.3 MV region were emphasized, and then second with a thick 1.5 mm paraffin layer covered with mica so that only neutrons above 3 MV could project protons into the chamber and be detected. No appreciable differences in the neutron-proton or neutron-deuteron cross-sections of about $1.7 \cdot 10^{-24}$ cm^2 (mean free paths of about 5.0 ± 0.5 cm in H_2O or D_2O) was observed for the high and low energy parts of the spectrum above 0.1 MV. Similar results were obtained for a few other heavy nuclei such as Pb, Cd and Cu. There thus seems to be no large change in interaction for most nuclei down to 0.1 or 0.2 MV observable experimentally. A number of experiments have pointed to the same conclusion, and it appears that the apparent differences obtained by some observers were due to differences in geometrical and experimental conditions. The periodic variations of neutron-nucleus cross-section predicted by van Vleck for heavy nuclei using a simple nuclear model may possible still be masked by the inhomogeneity of the neutrons.

The recent measurements of Goldhaber (*10*) using the 0.2 MV neutrons from the Th-Deuterium photoelectric disintegration, while not entirely identical geometrically, give about the same results for the proton cross-section und the MFP in paraffin (4.5 ± 1.5 cm). Further recent experiments in our laboratory by Dr. Mitchell (*11*) comparing the diffusion and slowing down in paraffin of the neutrons from the Rn Alpha-Be sources, the Rn γ-Be sources, and the Rn γ-D sources indicate some decrease in the MFP in paraffin for the neutrons from the photoelectric disintegrations which originally have maximum velocities (*12*) (*13*) considerably less than those neutrons from Rn Alpha-Be sources. However if the much greater range of the Rn Alpha-Be spectrum is taken into account in these experiments, it again appears that the neutron proton cross-section does not show any large changes in the $0.1-7$ MV region.

The present theoretical considerations (*14*) of the neutron-proton interaction and the deuteron model with an excited state of about

40,000 eV, lead to an expression of the form

$$\sigma = \frac{4\pi h^2}{M}\left(\frac{1}{4}\,\frac{1}{\varepsilon' + \frac{1}{2}E_0} + \frac{3}{4}\,\frac{1}{\varepsilon + \frac{1}{2}E_0}\right) \tag{1}$$

where E_0 is the neutronenergy, $\varepsilon = 2.25 \cdot 10^6$ eV (deuteron binding energy) (*12*) (*13*) and $\varepsilon' = 40{,}000$ eV (the excited level), and a plot of this function is shown in fig. 3 by the solid curve. The prediction of an increase of 10 *xs* in $n - p$ cross section at 0.1 MV compared to 4 MV seems badly off from an experimental standpoint. Further difficulties occur in the 0.025 to 100 eV region as will be discussed later.

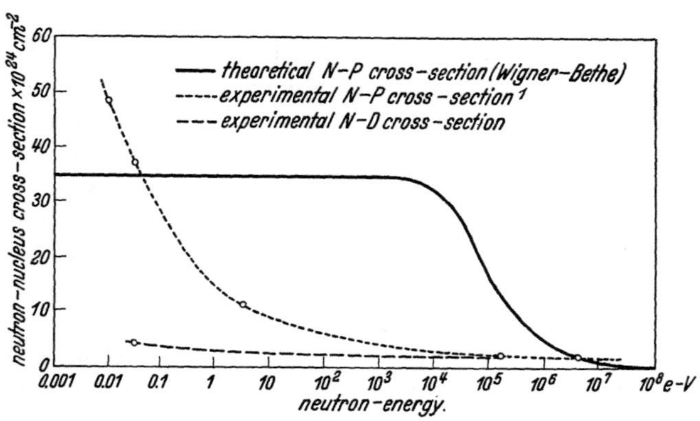

Fig. 3.

The ratio of capture to scattering cross-section at various energies is another interesting question, although a number of complications make accurate measurements difficult especially since in general the capture is much smaller than the scattering cross-section, except in slow neutron resonance phenomena where the reverse is true.

In the fast neutron region above 0.1 MV we have made a number of measurements by surrounding a Rn-Be source with successive spheres of various sizes and materials (*5*), and then observing the decrease in the number of fast neutrons emerging from the spheres with the fast neutron detector utilizing projected protons as before. These studies

[1] Calculations on the effect of molecular binding forces on the slow neutron-proton cross-section by FERMI indicate that the cross-section for zero energy neutrons should be 4 times that for neutrons which have energies greater than $h\nu$, where ν is the characteristic frequency of the proton in the molecular structure. This is in fair accord with the experimental data shown in the figure. If then one takes $12 \cdot 10^{-24}$ cm^2 as the slow neutron cross-section in the BETHE-PEIERLS-WIGNER formula, the value for the energy of the excited level ε' is found to be about 120,000 eV. The form of this curve then agrees better with experimental data in the region just above 1 eV, but is still not entirely satisfactory at higher energies, above 10^5 eV.

indicate that in those elements such as C, O, Al, Si, Cu and Pb, in each nuclear collision of the order of 10% of the "fast" neutrons are captured or suffer sufficient energy loss so that they can no longer be detected through projected protons. The cross-sections for capture or large energy loss are of the order of 0.3, 0.3, 0.5, 0.4, 0.6 and $0.4 \cdot 10^{-24}$ cm² respectively, around 10% of the total cross-section, the other 90% being definitely scattering. These figures point quite clearly to the necessity for introducing a nuclear model of the type of Prof. BOHR (*46*), with close lying energy levels, and in which the fast neutrons remain within the nucleus for a long time so that they have a fair probability of either losing a large amount of energy before emerging, or else remain within the nucleus and thus produce a new nucleus which may or may not be stable. COLLIE and GRIFFITHS (*15*) have recently performed similar experiments. Some of the artificial radioactivity supposedly due to fast neutrons may well be due to those neutrons in the original spectrum which are already below 0.1 MV or else to neutrons slowed down by scattering from adjacent materials, but since these experiments show definitely large energy losses or capture for neutrons above 0.1 MV, in about 1/10 of the nuclear impacts, there seems to be no reason to doubt the production of artificial radioactivity by fast neutrons, although the neutron may first lose large energy within a nucleus before being captured by it. The cross-sections required to account for the observed amount of artificial radioactivity with fast neutrons have maximum values which are about the same as these cross-sections, but in such cases as Pb where the radioactivity is small, there must be a large amount of inelastic collisions.

Table I.

Element	σ for large energy loss + capture
C	$0{,}3 \cdot 10^{-24}$ cm²
O	0,3
Al	0,5
Si	0,4
Cu	0,6
Pb	0,4

Dr. FINK has recently made further studies of the energy losses and capture of neutrons by various nuclei in different parts of the spectrum (*16*) (*17*). In such materials as Pb, C and SiO_2, many neutrons suffer energy losses which bring them down to the 1 to 10^3 volt region, while a few are brought down to the thermal region, and the true capture cross-section is thus smaller than the cross-section for inelastic scattering with large energy loss, so that even for thermal energies practically no capture occurs. However, in such elements as Cu and Fe the capture part of the cross-section is the larger.

Slow neutrons.

Those neutrons which lie in the spectral region from 0 to 10^2 or 10^3 eV may for convenience be called "slow" neutrons, and the large increases in capture cross-section for certain nuclei with consequent production of new stable or unstable nuclei, as first studied by FERMI and his co-workers (*18*), are now well known.

These slow neutrons are usually produced by surrounding fast neutron sources with hydrogenic materials such as H_2O or paraffin, so that these neutrons lose energy through impacts with hydrogen nuclei. They are commonly detected by the artificial radioactivity induced in various elements such as Ag or Rh used for indicators and measured by a thinwalled counter or pressure ionization chamber with electrometer. On the other hand we have used for most work Li or B metal lined (*5*), or BF_3 gas-filled ion chambers connected to linear amplifier systems, which utilize the high efficiency of the ${}^6_3\mathrm{Li} + {}^1_0n \rightarrow {}^4_2\mathrm{He} + {}^3_1\mathrm{H} + Q$, or ${}^{10}_5\mathrm{B} + {}^1_0n \rightarrow {}^4_2\mathrm{He} + {}^7_3\mathrm{Li} + Q$ reactions. This system is appreciably more sensitive than the artificial radioactive indicator detection system, and also has the advantage of being continuous. It is quite possible to detect from 10 to 75% of the thermal neutron flux through BF_3 chambers. The γ rays produced during neutron capture have like wise been used for detection by FLEISCHMAN (*19*) and KIKUCHI (*20*).

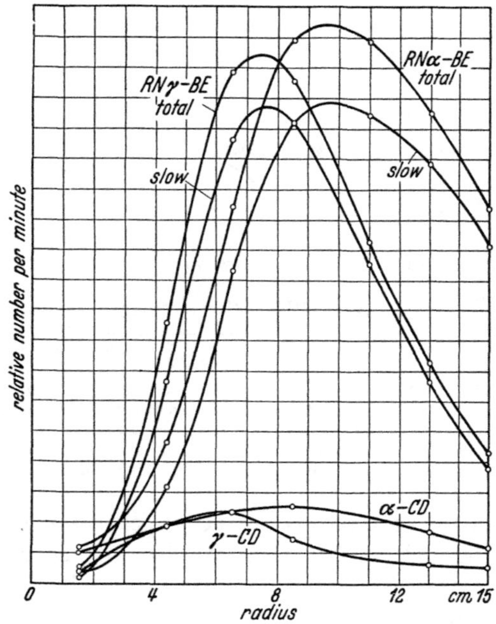

Fig. 4. *Slowing down of Rn α-Be and Rn γ-Be neutrons in spheres of paraffin.* Readings taken with Cd show the number of neutrons above 0.2 or 0.3 eV. The slower neutrons from Rn γ-Be come to equilibrium much sooner than the faster neutrons from Rn α-Be. Neutrons from Rn γ-D are still slower and come to equilibrium with about 5 cm paraffin. The total number of Rn γ-Be neutrons is about $^1/_5$ the number of Rn α-Be under these conditions.

The fast neutrons originally have a cross-section of about $1.7 \cdot 10^{-24}\,\mathrm{cm}^2$ (5 cm MFP in paraffin), but as they are slowed down the cross-section increases to about 35 to $40 \cdot 10^{-24}\,\mathrm{cm}^2$ (about 3 mm MFP) at .026 eV (*5*) (*18*). Various studies indicate that after slowing down, the neutrons diffuse around 2 to 2.5 cm, and make some 75 to 100 impacts before being captured by a proton to form deuterium, i.e. they have a capture cross-section of about $0.3 \cdot 10^{-24}\,\mathrm{cm}^2$ (*15*), and hence many neutrons do attain thermal equilibrium appropriate to the temperature of the paraffin, as we shall show later. These slowing down processes have been investigated by FERMI, BJERGE and WESTCOTT, by ourselves and others, but time does not permit discussing them in detail here.

By measuring the rate of production of slow neutrons with various amounts of paraffin, and allowing for absorption, the total number of neutrons may be determined approximately as shown in fig. 5.

The spectral distribution of the neutrons emerging from a sphere of paraffin with the optimum radius of about 10 cm is approximately indicated by the curve *2* in fig. 1. About 50% of the original fast neutrons (with Rn Alpha-Be) still have energies above 0.1 or 0.2 MV (*5*), while at the other end of the spectrum about 60% of the total number of neutrons emitted have been slowed down to thermal velocities with a MAXWELLian distribution, but due to capture by protons, only about 25% of the total number of neutrons still exist in this state of thermal equilibrium (*17*). The distribution of neutrons in the rest of the spectrum is not accurately known. In the region from just above thermal to 1 eV, the mechanism of energy loss and hence the distribution is complicated by the molecular binding forces and the quantum nature of the energy transfers in a manner not yet entirely clear (*21*). Something like a continuous distribution may well exist to 100, 1000 eV or more, but as yet no quantitative methods of study in this region and on up to 10^5 volts are available.

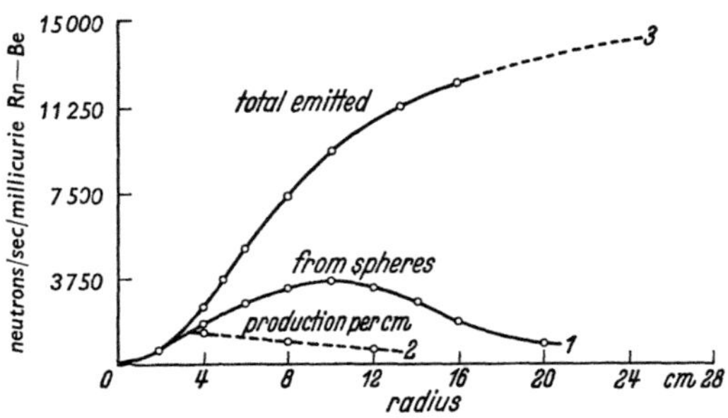

Fig. 5. *Production of slow neutrons.* Curve *1* shows the observed no. of slow neutrons as the radius of the paraffin sphere is increased. Curve *2* shows the rate of production at various points. Curve *3* shows the extrapolated total yield, allowing for absorption. A detection eff. of 1% for Li-chamber is used.

The total cross-section (capture + scattering) has now been measured for nearly all the elements (*5*) with fairly well defined parallel beams similar to the fast neutron measurements for those neutrons in the thermal velocity distribution by making use of a shutter of Cd to separate out the faster neutrons since the high absorption resonance region of Cd extends to just above thermal velocities, probably to 0.1 or 0.2 eV. The values range from approximately the same as for fast neutrons in such cases as Al or S of $1.6 \cdot 10^{-24}$ cm², to values of $3300 \cdot 10^{-24}$ cm² for Cd, $4700 \cdot 10^{-24}$ cm² for Sm, to $30{,}000 \cdot 10^{-24}$ cm² for Gd, the highest yet discovered, and in which if only one isotope is responsible, the value may be $150{,}000 \cdot 10^{-24}$ cm², approaching atomic rather than nuclear dimensions.

These increases in cross-section are due, within experimental limits entirely to increases in the capture cross-section, the scattering cross-section remaining about what it was for fast neutrons. The scattering from such elements as Cd is at least less than 1 % of the capture cross-section.

The values for the $n - p$ and $n - D$ cross-section at .026 eV of 38 and $4 \cdot 10^{-24}$ cm² respectively, are shown in fig. 3, together with a value of $48 \cdot 10^{-24}$ cm² for $n - p$ at approximately .007 to .01 eV according to the last measurements of Dr. FINK and Mr. POWERS at low temperatures (90° K). A value of approximately $10 \cdot 10^{-24}$ cm² has been indicated for the 1—5 eV region from measurements of the residual neutrons filtered through Cd, in fair agreement with AMALDI and FERMI's value of $12 \cdot 10^{-24}$ cm² for 2.5 eV (*22*). These values are considerably different from the theoretical predictions according to Eq. (1). In this region there is some question as to how the cross-sections values are to be considered for these (*23*) energies and what is to be used for the reduced $n - p$ mass when the proton in such materials as paraffin has a high zero point energy corresponding to a temperature of 1000° C, and to energies of the order of 1 eV. Further theoretical consideration of the $n - p$ interaction is definitely needed[1].

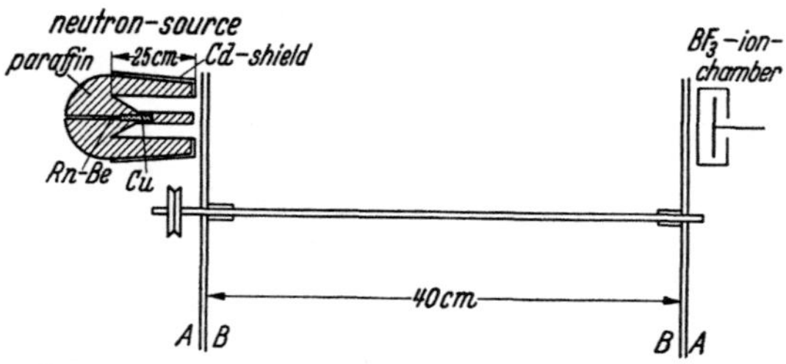

Fig. 6. *Schematic drawing of mechanical velocity selector for slow neutrons.* *A*, rotating disk with Cd sectors; *B*, fixed disk with Cd sectors.

Since some of the most important questions center around the dependence of interaction on neutron energy, it is essential to have accurate measurements of neutron velocity and knowledge of the neutron energy distribution. For direct measurement of neutron velocity and as a first attempt at spectrographic action applicable in the 0—0.1 eV region we have developed mechanical velocity selectors (*24*) (*25*) which consist essentially of two high speed shutters of Cd operated by a common shaft and interposed between the source and detector. The shutters are constructed of Cd sectors mounted on 4 duraluminium disks, one fixed and one rotating sector system at each end of a common shaft 40 to 54 cm long. By varying the speed of rotation, or by shifting the relative phase of the two shutters, neutrons of a certain speed range may be either preferentially prevented from reaching the detector if in phase, or if out of phase alternatively allowed to pass through the system and to reach the detector. Due to the background of faster neutrons above the Cd resonance capture region which pass through the system and to lack of source intensity, compromises must be made between resolution

[1] Note added in proof: More recent measurements of σ gave $38 \cdot 10^{-24}$ cm² for ordinary and $48 \cdot 10^{-24}$ cm² for the temperature of liquid air.

and intensity above background. One to one ratio of angular slit aperture to Cd sector was used in the first selector, and while the resolving power was very poor, it was sufficient to show that the maximum of the slow neutrons absorbed by Cd and detected by Li coincided closely with the maximum of the velocity distribution to be expected if the slow neutrons were in thermal equilibrium at 300° K, i.e. around 250,000 cm/sec, and that the form of the distribution was probably MAXWELLian. Measurements of the distribution of neutrons from paraffin at 90° K with various forms of sources however always failed to show complete equilibrium, and threw grave doubts on the interpretation of any temperature measurements with cold neutrons.

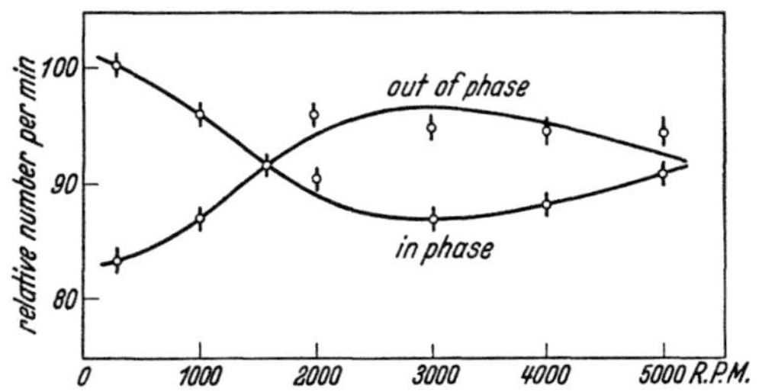

Fig. 7. *Results of velocity selector experiments.* Curves indicate theoretical results to be expected at 300° K for a MAXWELLian v^2-distribution. Points indicate experimental results.

A much more efficient source has been developed which "focusses" the thermal neutrons into a more parallel beam by means of a canal and thus increases the intensity by a factor of five (*26*), while at the same time the background of faster neutrons is reduced by Cu scatterers interposed in the direct beam. This source, together with the factor of five or more gained by the highly sensitive BF_3 gas filled ion chamber, has made possible the development of a new selector with 1 to 3 ratio of angular aperture to Cd sector, and hence much higher resolution. The new results obtained by Dr. FINK are shown in fig. 7. The curves show the theoretical results to be expected from the geometrical conditions if the neutrons have a MAXWELLian distribution at 300° K, using a v^2 distribution instead of a v^3 distribution since the B detection efficiency is now known to vary as $1/v$. The experimental points for the shutters "in phase" and "out of phase" follow very closely the expected curves, and it must be concluded that the neutrons absorbed by Cd are quite accurately in equilibrium at 300° K. Measurements have not yet been made at 90° K with the new selector. For neutron energies below 0.1 eV it is possible to select fairly narrow bands of neutrons energy with this type of selector, and hence it can serve as a type of neutron spectrograph in this region which will become much more useful when higher intensity sources are available.

For neutron energies above 0.1 eV, probably the most satisfactory method of energy measurement is based on the assumption that the absorption cross-section in such elements of low atomic weight as Li or B is proportional to $1/v$ (*27*) (*28*) (*29*). Since the absorption cross-section of B or Li is known for the thermal neutrons whose velocity and distribution are now experimentally determined, then if the $1/v$ law is valid a measurement of the absorption cross-section of any other group of neutrons in B or Li permits its velocity to be determined (if the group is sufficiently narrow).

The simple theories of capture of slow neutrons by FERMI (*30*), BETHE (*31*) and PERRIN and ELSASSER (*32*) have all predicted a cross-section varying inversely as the velocity of the neutrons. While temperature experiments have indicated changes in cross-section with velocity (*33*) (*34*) (*5*) (*35*) (*36*), their interpretation has not been entirely clear due to the complexity of the phenomena. For the present, the most direct experimental tests of the $1/v$ law come from the mechanical rotating absorber experiments.

A beam of neutrons is sent through the edge of a 50 cm diameter disk of the material to be investigated at an angle of approximately 25° and into the detector (*37*) (*38*). When the disk is rotated at high speeds (5500 to 7000 RPM), first in one direction and then in the other, it is clear that if the $1/v$ law holds, no change should be observed in the neutron count. The time of the neutron within the material remains constant and hence the longer effective path is compensated for by the higher effective relative neutron-nucleus speed in one case, while in the other case, the shorter effective path should be compensated for by the lower effective speed. The results are shown in the tabulation below.

Element	Change in Abs. Coeff.
Cd	6,3 ± 0,6%
Ag	0,7 ± 0,9%
B	1,0 ± 0,8%

If there were no dependence on velocity, under the conditions here, with a linear speed of about 140 meters/sec for the atoms in the edge of the disk, a change in absorption coefficient of about 9% would be effected for thermal neutrons of approximately 2500 meters/sec. Hence for Cd, the dependence of interaction is much less than $1/v$, and is in fact almost independent of v in the thermal region. However, within experimental error both Ag and B obey the $1/v$ law in the thermal region, of 0.025 eV.

It was pointed out by FRISCH and PLACZEK (*27*) that from the theoretical standpoint, for light atoms such as Li and B where heavy particles are ejected and the mean life time is very short, resonance effects would be greatly broadened and it might be expected that the $1/v$ law would hold. From the experimental standpoint these rotating disk experiments only prove the $1/v$ law for the thermal region. However, the ratios of the absorption coefficients of various groups of faster neutrons are the same for both Li and B, and also low temperature measurements give about the same change in coefficient for Li and B, so we may feel reasonably confident that the law be extrapolated possibly to 100 eV and give at least fairly good relative energy measurements.

The selective absorption and detection effects observed for certain nuclei with slow neutrons have been investigated by MOON and TILLMAN (*35*), SZILARD (*39*), PREISWERK and VON HALBAN (*40*), WESTCOTT and BJERGE (*41*), FERMI and AMALDI (*42*), by those in our laboratory (*43*) (*44*) and by others. BREIT and WIGNER (*45*), and BOHR (*46*) have accounted for these selective absorptions on the basis of a resonance capture process. Since Dr. VON HALBAN will discuss these resonance neutrons more in detail, I shall only point out some of the recent measurements of the energy of these resonance neutrons by RASETTI and GOLDSMITH (*47*) in our laboratory, using the absorption in B and Li as an index. These resonance bands occur in the thermal region for such elements as Cd, Sm, or Gd, and possibly Hg, but these effects are more easily investigated in the case of such elements as Ag, Rh, Au, I, In, etc. where the resonance occurs above .2 to .3 eV and hence the thermal neutrons (group C) may be removed by absorbing them in Cd. The percentage activities due to neutrons transmitted through Cd, when observed inside a block of paraffin, were: Dy (2.5 hr) —2.5%, V (3.75′) 4%, Mn (150′) 5%, Rh (3.9′) 17%, Br (4.2 hr) 25%, As (26 hr) 45%.

Measurements have been made of these resonance groups using an electrometer with Argon filled pressure ionization chamber which permits high accuracy where the substances have sufficient activity. As good geometry as feasible has been used, and corrections applied for the obliquity of the neutrons which must be fairly accurate since the corrected values for absorption of thermal neutrons in B give the same cross-sections as the measurements with parallel beams and the Li ion chambers (500 as compared to $540 \cdot 10^{-24}$ cm^2), on the basis that (a) the $1/v$ law holds for B and Li, (b) the thermal neutrons (group C) have a MAXWELL distribution whose effective velocity for 50% absorption in B corresponds to $\alpha = \sqrt{2kT/M}$, or to 0.026 eV at 300° K, and (c) that the neutrons detected consist of a single relatively narrow band, then measurements of the absorption coefficient of the thermal neutrons in B and Li, and measurements of the absorption coefficient of the new group of neutrons in B or Li, serve to determine the energy of this new group. The results of the measurements are shown in Table II, the μ/ϱ values being corrected for obliquity.

The use of such methods thus serves to determine approximately energy values in the region up to 10^2 eV and possibly up to 10^3 eV. The half-widths of these resonance lines calculated from the WIGNER-BREIT formula give values of the order of 0.2 eV for Rh, up to about 2 eV for I, but measurements are not sufficiently accurate on the cross-sections of the neutrons themselves, for precise determinations. The

Table II.

Detector Z	Filter	Thickness of detector (gm/cm²)	Period	Thickness of absorber (gm/cm²)	Trans-mission	(μ/ϱ) corr.	E (eV)
45 Rh	—	0,35	44″	B 0.02	35.2	28	0.026
				Li 0.22		2.9	
25 Mn	0.4 gm/cm² Cd	0.5	150′	B 0.58	43	0.73	37
33 As	,,	0.5	26 hr	B 0.58	54	0.49	84
35 Br	,,	0.7NaBr	18′	B 0.58	50	0.57	160
45 Rh	,,	0.35	44″	B 0.081	50	4.15	1.16
				Li 0.22	78	0.47	0.98
45 Rh	,,	0.35	3.9′	0.054	57	4.6	∼1
47 Ag	,,	0.06	22″	0.108	63	2.8	2.5
47 Ag	0.4 gm/cm² Cd +0.25 ,, Ag	0.56	22″	0.108	60	2.1	4.5
47 Ag	0.4 gm/cm² Cd	0.56	2.31	0.58	51.5	0.54	69
49 In	,,	0.11	13″	0.108	∼50	3	2.2
49 In	,,	0.11	54′	0.081 0.108	53 43	3.8	1.38
53 In	,,	0.3	25′	0.58	50	0.57	62
77 Ir	,,	0.5	19 hr	0.108	46	3.5	1.6
79 Au	,,	0.25	2.7 d	0.108	53	2.8	2.5

effects of DOPPLER-broadening due to the motion of even the heavier nuclei should to be appreciable, and approach the same order as the observed line breadth.

The interaction of neutrons with matter in the region from 0.005 to 10^7 eV energy is thus becoming much clearer, and the nuclear model necessary to explain the phenomena must of necessity become more complex. With the development of much stronger sources, if experiments can be done with homogeneous beams of neutrons of known velocity in various parts of the spectrum and with good geometrical conditions, further investigations are certain to yield much more information in the future.

References.

1. DUNNING: Physic. Rev. **45**, 586 (1934).
2. CHADWICK: Proc. roy. Soc. Lond. A **142**, 1 (1933).
3. BOTHE and BECKER: Z. Physik **76**, 289 (1932).
4. BERNARDINI: La Ricerca **1**, Febr. (1936).
5. DUNNING, PEGRAM, FINK and MITCHELL: Physic. Rev. **48**, 265 (1935).
6. FINK, DUNNING and PEGRAM: Physic. Rev. **49**, 642 (1936).
7. DUNNING and PEGRAM: Physic. Rev. **47**, 640 (1935).
8. VAN VLECK: Physic. Rev. **48**, 367 (1935).
9. FAY: Physic. Rev. **49**, 870 (1936).
10. GOLDHABER: Nature (Lond.) **137**, 824 (1936) — Copenhagen conference 1936.
11. MITCHELL, RASETTI, FINK and PEGRAM: Physic. Rev. **50**, 189 (1936).
12. CHADWICK and GOLDHABER: Proc. roy. Soc., Lond. A **151**, 479 (1935).
13. FEATHER and BRETSCHER: Nature (Lond.) **136**, 468 (1935).
14. BETHE and BACHER: Rev. mod. Phys. **8**, 117 (1936). — BREIT and WIGNER: Physic. Rev. **49**, 519 (1936).

15. Collie and Griffiths: Proc. roy. Soc. Lond. **155**, 434 (1936).
16. Fink, Dunning and Pegram: Physic. Rev. **49**, 340 (1936).
17. Fink, Dunning and Pegram: Physic. Rev. **49**, 642 (1936).
18. Fermi, Arnoldi, d'Agostino, Rasetti and Segré: La Ricerca — Proc. roy. Soc. Lond. A **146**, 483, 34 (1934).
19. Fleischmann: Z. Physik **97**, 242 (1935).
20. Kikuchi, Aoki and Husimi: Nature (Lond.) **137**, 186 (1936).
21. Von Halban and Preiswerk: Nature (Lond.) **136**, 951 (1935).
22. Amaldi: Copenhagen Conference 1936.
23. Wick: Copenhagen Conference 1936.
24. Dunning, Pegram, Fink, Mitchell and Segré: Physic. Rev. **48**, 104 (1935).
25. Dunning, Pegram, Fink and Mitchell: Physic. Rev. **49**, 103 (1936).
26. Mitchell and Fink: Physic. Rev. **49**, 453 (1936).
27. Frisch and Placzek: Nature (Lond.) **137**, 357 (1936).
28. Weekes, Livingston and Bethe: Physic. Rev. **49**, 777 (1936).
29. Rasetti, Fink, Goldsmith and Mitchell: Physic. Rev. **49**, 868 (1936).
30. Amaldi, d'Agostino, Fermi, Pontecorvo, Rasetti and Segré: Proc. roy. Soc. Lond. A **149**, 522 (1935).
31. Bethe: Physic. Rev. **47**, 147 (1935).
32. Perrin and Elsasser: C. r. Acad. Sci. Paris **200**, 450 (1935).
33. Moon and Tillman: Nature (Lond.) **135**, 904 (1935) — Proc. roy. Soc. Lond. A **153**, 476 (1936).
34. Bjerge and Westcott: Proc. roy. Soc. Lond. **150**, 709 (1935). — Westcott and Niewodniczanski: Proc. Cambridge philos. Soc. **31**, 617 (1935).
35. Lukersky and Zarewa: Nature (Lond.) **136**, 682 (1935).
36. Powers, Fink and Pegram: Physic. Rev. **49**, 650 (1936).
37. Rasetti, Segré, Fink, Dunning and Pegram: Physic. Rev. **49**, 104 (1936).
38. Rasetti, Mitchell, Fink and Pegram: Physic. Rev. **49**, 777 (1936).
39. Szilard: Nature (Lond.) **136**, 950 (1935).
40. von Halban and Preiswerk: C. r. Acad. Sci. Paris **202**, 840 (1936).
41. Westcott and Bjerge: Proc. roy. Soc. Lond. A **150**, 769 (1935).
42. Amaldi and Fermi: La Ricerca 1935/36.
43. Rasetti and Fink: Physic. Rev. **49**, 642 (1936).
44. Rasetti, Wash, Fink, Goldsmith and Mitchell: Physic. Rev. **49**, 869 (1936).
45. Breit and Wigner: Physic. Rev. **49**, 519 (1936).
46. Bohr: Nature (Lond.) **137**, 344 (1936).
47. Goldsmith and Rasetti: Physic. Rev. **50**, 328 (1936).

Künstliche Umwandlungsprozesse beim Uran.

Von Lise Meitner-Berlin-Dahlem.

Mit 7 Abbildungen.

Einleitung. Ich möchte etwas über die künstlichen Umwandlungsprozesse erzählen, die durch Bestrahlung des Urans mit Neutronen hervorgerufen werden. Zunächst sei ganz kurz daran erinnert, was wir über den künstlichen Einbau von Neutronen in Atomkerne wissen.

Bekanntlich sind solche Einbauvorgänge bei Bestrahlung mit Neutronen zuerst von FERMI, RASETTI, SEGRÉ, AMALDI und einigen anderen italienischen Forschern nachgewiesen und näher untersucht worden. Es hat sich dabei gezeigt, daß drei verschiedene Arten von Prozessen auftreten, derart, daß mit dem Einbau des Neutrons entweder die gleichzeitige Abspaltung eines α-Teilchens oder eines Protons verknüpft ist oder daß der Einbau stattfindet, ohne daß gleichzeitig ein schweres Teilchen aus dem Kern austritt. Bezeichnet A das Atomgewicht, Z die Kernladung des mit Neutronen bombardierten Kerns, so lassen sich die angegebenen drei Kernreaktionen allgemein durch die nachstehenden Formeln darstellen.

$$1.\quad A^Z + n_0^1 \rightarrow (A-3)^{Z-2} + \mathrm{He}_2^4$$

$$2.\quad A^Z + n_0^1 \rightarrow A^{Z-1} + \mathrm{H}_1^1$$

$$3.\quad A^Z + n_0^1 \rightarrow (A+1)^Z$$

Die neu entstandenen Kerne sind im allgemeinen instabil, dann gehen sie nach unseren heutigen Kenntnissen ausnahmslos unter Emission von β-Strahlen in einen Atomkern mit einer um eine Einheit größeren Kernladung über.

Der Prozeß 1 führt dann zu einem Kern $(A-3)^{Z-1}$. Der Prozeß 2 ergibt einen Kern A^Z, also wieder den Ausgangskern.

Der Prozeß 3 läßt einen Kern $(A+1)^{Z+1}$ entstehen.

Es sind aber vereinzelt Fälle bekannt, wo bei den Prozessen 1 und 3 die neugebildeten Kerne stabil sind. Vorgänge dieser Art mit Abspaltung eines α-Teilchens finden bei den ganz leichten Elementen Lithium, Bor und Stickstoff statt. Z. B.:

$$\mathrm{B}_5^{10} + n_0^1 \rightarrow \mathrm{Li}_3^7 + \mathrm{He}_2^4.$$

Prozesse, die nach Schema 3 zu stabilen Kernen führen, sind z. B. beim Cadmium und Quecksilber beobachtet. Das Cadmium besitzt eine große Reihe stabiler Isotope, die sich aufeinanderfolgend um je ein Neutron unterscheiden, und daher kann hier durch Einfangen eines Neutrons aus einer stabilen Atomart wieder eine stabile Atomart entstehen. Z. B.:

$$\mathrm{Cd}_{48}^{111} + n_0^1 \rightarrow \mathrm{Cd}_{48}^{112}$$

$$\mathrm{Cd}_{48}^{112} + n_0^1 \rightarrow \mathrm{Cd}_{48}^{113} \text{ usw.}$$

Diese Prozesse sind natürlich nicht durch eine Korpuskularstrahlung nachweisbar, denn eine solche tritt ja gar nicht auf, sondern entweder durch die sehr starke Absorption, die die Neutronen hierbei erfahren, oder durch die mit dem Einfangen des Neutrons verknüpfte γ-Strahlung.

Von den ganz leichten Elementen abgesehen, können die Prozesse 1 und 2 nur mit schnellen Neutronen erzeugt werden, denn die Abspaltung eines geladenen Teilchens verlangt die Überwindung der den Kern umgebenden Potentialschwelle, die nur bei ganz leichten Kernen wie Lithium, Bor, Stickstoff so niedrig ist, daß der Massendefekt des Neutrons für das geladene Teilchen ausreicht, um die Potentialschwelle mit endlicher Wahrscheinlichkeit zu durchdringen. Bei schwereren Kernen muß dagegen zu dem Massendefekt noch eine erhebliche kinetische Energie des Neutrons hinzukommen, um geladenen Teilchen den Austritt aus den Atomkernen zu ermöglichen. Prozesse dieser Art (1 und 2) sind nur bis etwa zum Zink beobachtet. Bei höheren Kernen reichen die uns bisher zur Verfügung stehenden kinetischen Energien der Neutronen offenbar für solche Prozesse nicht aus. Nur im Gebiet der ganz schweren Kerne, die an sich schon eine α-Instabilität besitzen, wie das Thorium und Uran, können diese Prozesse mit α-Abspaltung bei Einfangen eines Neutrons erzeugt werden.

Der Prozeß 3 geht dagegen für langsame Neutronen weit besser vor sich als für schnelle. Man kann das qualitativ verstehen, wenn man berücksichtigt, daß dieser Prozeß zunächst nur unter Einfangen des Neutrons ohne Abspaltung schwerer Teilchen erfolgt. Nun wissen wir aus den Atomgewichtsbestimmungen, daß benachbarte Isotope sich nur etwa um die Masse 1,000 unterscheiden, während die Masse des Neutrons 1,009 beträgt. Also die Bindung eines Neutrons ist mit einer Gesamtausstrahlung von 8 bis $9 \cdot 10^6$ eV (Äquivalent des Massendefektes) verknüpft, d. h. ein langsames Neutron kann in einem Anregungsniveau eines Atomkerns eingefangen werden, und die Einfangswahrscheinlichkeit ist dabei umgekehrt proportional der Geschwindigkeit des Neutrons.

Um daher Prozesse nach Schema 3 hervorzurufen, verlangsamt man bekanntlich die Neutronen, bevor sie die umzuwandelnde Substanz treffen, indem man sie durch wasserstoffhaltige Substanzen wie Paraffin hindurchlaufen läßt. Da Neutron und Proton nahezu gleiche Masse haben, verlieren die Neutronen bei Zusammenstößen mit Wasserstoffkernen bei jedem Stoß erhebliche Beträge ihrer kinetischen Energie, so daß schon nach einer relativ kleinen Stoßzahl die Energie der Neutronen auf die thermische Energie abgesunken ist.

Fermi und Mitarbeiter haben künstliche Umwandlungsprodukte durch Bestrahlung mit Neutronen innerhalb des ganzen periodischen Systems erzeugen können. Ich will mich hier nur mit dem speziellen Fall des Urans befassen, der insofern ein besonderes Interesse verdient, als die künstlich hervorgerufenen Umwandlungsprozesse zu neuen, bisher nicht bekannt gewesenen Elementen jenseits Uran führen.

Bei der Untersuchung des Urans muß man berücksichtigen, daß das Uran eine natürliche Radioaktivität besitzt, die einerseits zur Radiumreihe, andererseits zur Actiniumreihe führt. Nachstehend sind die beiden

Reihen, soweit sie für die künstliche Umwandlung des Urans von Interesse sind, angegeben.

$$\text{a)}\quad U_{92}^{238} \xrightarrow{\varkappa} UX_1^{234} \xrightarrow{\beta} UX_2^{234} \xrightarrow{\beta} UII_{92}^{234} \xrightarrow{\alpha} \cdots$$

$$\text{b)}\quad U_{92}^{235} \xrightarrow{\alpha} UY_{90}^{231} \xrightarrow{\beta} Pa_{91}^{231} \xrightarrow{\alpha}$$

Da die *künstlich* erzeugten Umwandlungsprodukte, soweit bisher bekannt, β-Strahler sind, hat man zunächst ein Interesse, die *natürlichen* β-Strahler zu entfernen, bevor man das Uran mit Neutronen bestrahlt. Dies ist relativ einfach, da das Uran X_1 (Thorisotop) eine Halbwertszeit von 24 Tagen hat und, einmal abgetrennt, sich nur langsam, und zwar viele Stunden lang, linear mit der Zeit nachbildet. Das Uran Y wird als Isotop des Uran X_1 mit diesem zugleich abgetrennt und bildet sich auch erst mit einer Halbwertszeit von 24 Stunden nach; außerdem beträgt die Beteiligung der Actiniumreihe an der Strahlungsintensität nur etwa 4% der Aktivität der Uran-Radium-Reihe, sie spielt also nur eine untergeordnete Rolle.

Für weiter unten folgende Fragen seien hier noch die *relativen* Gewichtsmengen der im Uran vorhandenen Uranisotopen angegeben.

U^{238}	100 g
U^{235}	0,3 g
U^{234}	0,007 g

Die italienischen Forscher haben zeigen können, daß bei Bestrahlung des Urans mit Neutronen vier neue radioaktive Substanzen entstehen, mit Halbwertszeiten von 10 bis 15 Sek., 40 Sek., 13 Min. und 90 bis 100 Min. Sie gaben an, daß die Intensitäten dieser neuen radioaktiven Atomkerne nicht erheblich beeinflußt werden, wenn man zur Bestrahlung statt schneller Neutronen durch Paraffin verlangsamte Neutronen verwendet. Der 10- bis 15-Sek.-Körper, der 13-Min.-Körper und der 100-Min.-Körper sollten eine 1,6fache Verstärkung beim Übergang zu verlangsamten Neutronen erfahren, der 40-Sek.-Körper unverändert bleiben.

Viel tiefgreifender war aber die Feststellung von FERMI und Mitarbeitern, daß die beiden längerlebigen Substanzen Elemente jenseits Uran seien. Durch chemische Trennung derselben vom Uran konnten die italienischen Forscher mit erheblicher Wahrscheinlichkeit ausschließen, daß der 13-Min.- und der 100-Min.-Körper mit einem der benachbarten Elemente des Urans identisch wären, und sie folgerten daraus, daß diese beiden Substanzen Ordnungszahlen jenseits Uran angehören müssen. Ob sie untereinander isotop seien oder verschiedene Elemente darstellen, konnte nicht entschieden werden.

Gegen diese Resultate wurde von A. v. GROSSE und M. S. AGRUSS Bedenken erhoben und behauptet, der 13-Min.-Körper sei ein Protactiniumisotop.

A. Einleitende Versuche.

Das veranlaßte Herrn Hahn und mich, die Frage aufzugreifen und sehr eingehende Untersuchungen durchzuführen, in deren weiteren Verlauf Herr Dr. Strassmann sehr wertvolle Mitarbeit geleistet hat. Ich will hier nicht der zeitlichen Entwicklung unserer Untersuchungen folgen, sondern die Ergebnisse so darstellen, wie wir sie heute als am besten gesichert betrachten. Ich werde aber auf die Punkte, die gegenüber unserer letzten Veröffentlichung auf Grund neuester Versuche anders gedeutet werden müssen, noch besonders hinweisen.

Der allgemeine Gang der Versuche ist folgender: das zu bestrahlende Uran wird durch chemische Abtrennung möglichst Uran X-frei gemacht; dann kann man einerseits mit schnellen Neutronen, wie sie direkt von einer Radium-Berylliumquelle ausgehen, andererseits mit durch Paraffin verlangsamten Neutronen bestrahlen. Hierbei muß immer berücksichtigt werden, daß bei Verlangsamung der Neutronen, z. B. durch 3 cm Paraffin, wie wir es meist getan haben, neben den langsamen Neutronen noch ein erheblicher Teil (weit über die Hälfte) der ursprünglichen schnellen Neutronen vorhanden sind.

Man kann ferner die Bestrahlungsdauer variieren und dadurch erreichen, daß die Substanzen verschiedener Lebensdauern praktisch gar nicht, in wechselnden Mengen oder in maximaler Menge (im radioaktiven Gleichgewicht) vorhanden sind. Alle diese Variationen kann man dann noch mit verschiedenen chemischen Trennungen kombinieren.

Gemessen wurden alle Präparate in Geiger-Müller-Zählrohren mit 100 μ Al-Wandstärke und üblicher Verstärkeranordnung. Die ganze Anordnung war so eingerichtet, daß eine möglichst gute Reproduzierbarkeit der Messungen erzielt werden konnte.

Es seien zuerst die Ergebnisse der Versuche angeführt, wie man sie — abgesehen von der Abtrennung des Uran X — ohne spezifische chemische Trennung bei Verwendung schneller bzw. verlangsamter Neutronen unter Variation der Bestrahlungsdauer von ca. 30 Sek. bis zu Stunden und selbst Tagen durch Analyse der zeitlichen Abfallskurven erhält. In Wirklichkeit sind immer Parallelversuche mit spezifischen chemischen Trennungen gemacht worden; aber die Darstellung wird übersichtlicher, wenn man die Resultate ohne diese chemischen Trennungen darstellt. Sie sind auch entbehrlich bei künstlichen Umwandlungsprodukten mit kurzer Halbwertszeit, für die keine längeren Bestrahlungsdauern als 1 bis 2 Stunden erforderlich sind. In diesen Fällen kann man auf die Nachbildung des Uran X auch in der Weise korrigieren, daß man von der gleichen Uranprobe für eine entsprechende Gewichtsmenge *ohne* vorherige Neutronenbestrahlung den Uran X-Anstieg mißt. Geht man über Bestrahlungsdauern von 2 Stunden erheblich hinaus, so macht sich das nachgebildete Uran X (Uran $X_1 + X_2$) sehr störend bemerkbar, und man muß dann für den Nachweis der künstlich erzeugten Radioaktivitäten das nachgebildete Uran X wieder abtrennen.

Nachstehend sind die gefundenen Umwandlungsprodukte ohne spezifische chemische Trennung in Tabelle 1 zusammengestellt.

Bei diesen Versuchen wurden die Bestrahlungen mit schnellen und verlangsamten Neutronen *nicht* unter identischen geometrischen Bedingungen ausgeführt, sondern in beiden Fällen unter den erreichbar günstigsten Bedingungen, weil wir zunächst die Frage beantworten wollten: wieviel Umwandlungsprodukte sind überhaupt da, und gehören sie alle zu *einem* oder zu *mehreren* Auslösungsprozessen? Deshalb gestatten die so ausgeführten Versuche keinerlei Aussage darüber, inwieweit Prozesse, die sowohl mit schnellen als mit verlangsamten Neutronen erzeugt werden können, bei der Verlangsamung der Neutronen verstärkt werden. Dagegen läßt sich natürlich die Frage entscheiden, *welche* Substanzen für *beide* Bestrahlungsarten, und *welche nur* bei der einen oder anderen Bestrahlungsart beobachtet werden.

Tabelle 1. Umwandlungsprodukte des Urans bei Bestrahlung.

Mit schnellen Neutronen Halbwertszeiten	Mit durch Paraffin verlangsamten Neutronen Halbwertszeiten
<40 Sek.	<40 Sek.
< 1 Min.	< 1 Min.
2,2 ,,	2,2 ,,
16 ,,	16 ,,
	23 ,,
59 ,,	59 ,,
ca. 10 Stunden	ca. 10 Stunden
3 Tage	3 Tage

Die Ergebnisse der Tabelle 1 zeigen, daß *mindestens* zwei verschiedene Auslösungsprozesse da sein müssen, einer, der sowohl mit unverlangsamten als mit verlangsamten Neutronen verläuft und eine große Zahl von Umwandlungsprodukten liefert, und einer, der *nur* mit verlangsamten Neutronen vor sich geht und eine Substanz von 23 Min. Halbwertszeit erzeugt.

Die *genaue* Festlegung der Halbwertszeiten ist ohne chemische Trennungen wegen des störenden UX-Anstieges nicht möglich, und ihre endgültige Bestimmung ist erst an der Hand der chemischen Trennungen durchgeführt worden.

B. Ergebnisse der chemischen Trennung.

Bei den chemischen Trennungsversuchen der durch Bestrahlung erzeugten Umwandlungsprodukte wurden derartige Reaktionen herangezogen, die eine Entscheidung zwischen Elementen diesseits und jenseits Uran ermöglichen. Dafür erwies sich eine Schwefelwasserstofffällung in heißer 7proz. HCl als geeignet, wobei als wägbarer Träger der Fällung meistens Platinchlorid zugesetzt wurde. Unter diesen Bedingungen bleiben alle Elemente von den Ordnungszahlen 92 bis 85 im Fil-

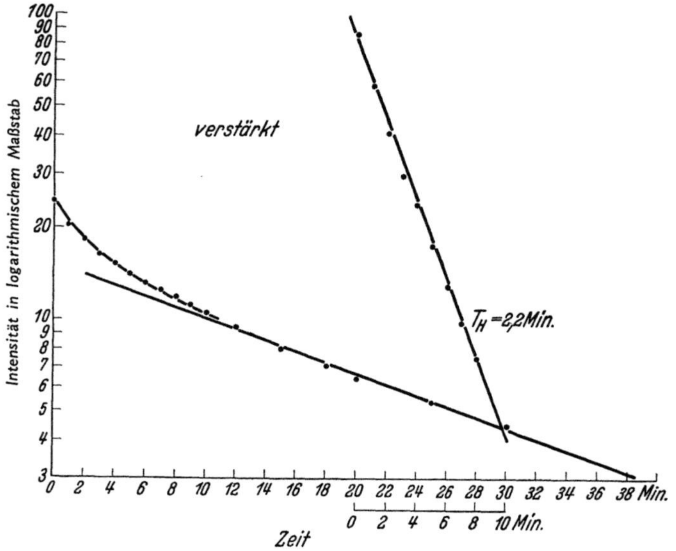

Abb. 1.

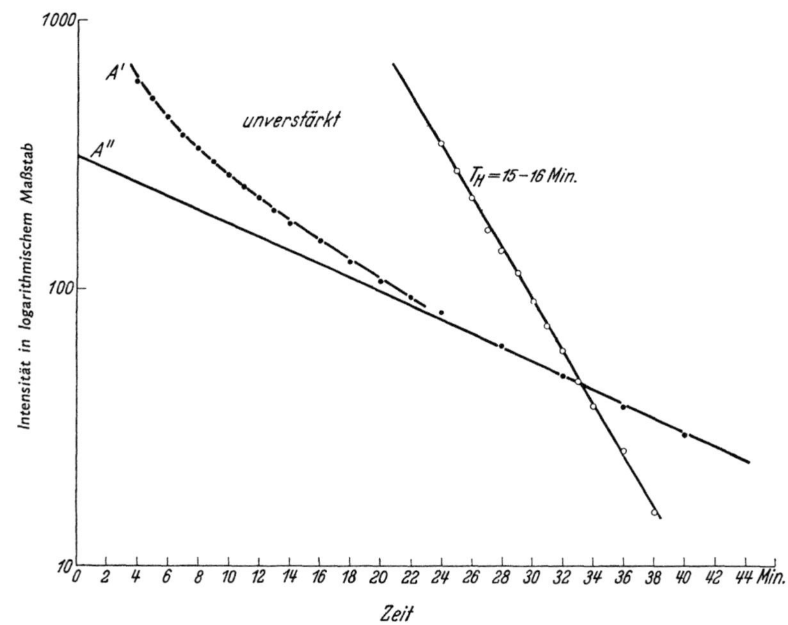

Abb. 2.

Abb. 1 u. 2. 1. Die beiden Ekarheniumisotope; 2. Ekarhenium (16′) und Ekaosmium (59′).

trat, während höhere Homologe des Rheniums und der Platingruppe, also Elemente der Ordnungszahlen 93, 94, 95 und 96 gefällt werden sollten. Natürlich wurde noch durch spezielle Untersuchungen festgestellt, daß U, UX_1 (Thoriumisotop) und UZ (Protactiniumisotop) bei diesen Reaktionen tatsächlich nicht in nachweisbarer Menge mitgerissen werden. Die Schwefelwasserstoffällungen ergaben nun stets, daß in der Fällung alle künstlichen Umwandlungsprodukte vorhanden waren mit Ausnahme der beiden ganz kurzlebigen von kleinerer Halbwertszeit als 1 Min. (die wegen ihrer kurzen Lebensdauer auf keinen Fall erfaßbar gewesen wären) und mit Ausnahme der Substanz von 23 Min. Halbwertszeit.

Für den Nachweis des 2,2-Min.-Körpers wurde ein Uranpräparat nur 3 bis 5 Min. lang bestrahlt, und dann mußten alle Manipulationen (Auf-

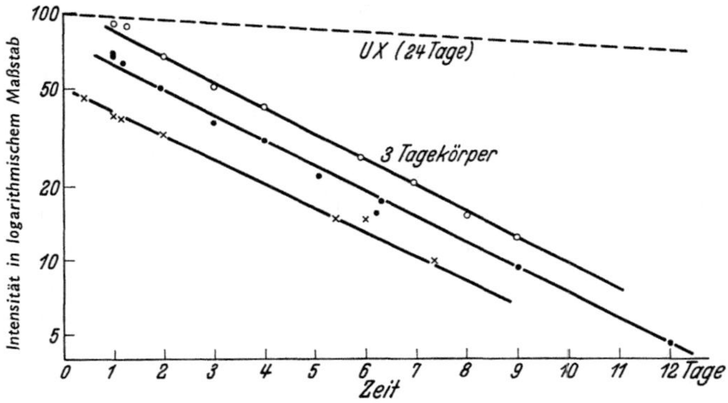

Abb. 3. Der 3-Tage-Körper.

lösung, Fällung, Trocknung des Filters und Montierung für die Messung) äußerst schnell durchgeführt werden. Es gelang, $4^1/_2$ Min. nach Unterbrechung der Bestrahlung die erste Messung durchzuführen. Eine der so erhaltenen zeitlichen Abfallskurven ist in der Abb. 1 wiedergegeben. Sie zeigt zuerst einen schnellen Abfall, der allmählich in einen Abfall von 16 Min. übergeht. Nach Abzug der zu diesem 16-Min.-Abfall gehörigen Kurve ergibt sich ein Abfall von 2,2 Min. Halbwertszeit.

Die Abb. 2 zeigt Abklingungskurven, die nach 90 Min. langer Bestrahlung und nachfolgender Fällung mit H_2S erhalten wurden. Die Kurve *A'* zeigt den zeitlichen Verlauf nach Abzug einer kleinen Restaktivität, die von geringen Mengen der längerlebigen Körper herrührt. Der Abfall entspricht einem 16-Min.- und einem 59-Min.-Körper (*A''*), die offenbar mit dem FERMIschen 13-Min.- bzw. 100-Min.-Körper identisch sind.

In der Abb. 3 sind mehrere bei langer Bestrahlung des Urans und nachheriger Schwefelwasserstoffällung erhaltene Abfallskurven dargestellt, die dem 3-Tage-Körper angehören. Hier wurde, um Spuren von mitgerissenem UX sicher auszuschließen, der erhaltene H_2S-Niederschlag nochmals umgefällt. Die ersten Messungen wurden erst 24 bis 36 Stunden nach erfolgter Abtrennung ausgeführt, um die kurzlebigeren Substanzen auszuschließen.

Die erhaltenen Resultate führen zu dem Schluß, daß alle Substanzen von 2,2 Min. Halbwertszeit aufwärts bis 3 Tage Halbwertszeit Elementen jenseits Uran angehören *mit Ausnahme* des Körpers von 23 Min. Halbwertszeit. Es wurde nun versucht, zu entscheiden, ob diese verschiedenen mit H_2S fällbaren Körper voneinander getrennt werden können. Zu diesem Zweck wurden erstens elektrochemische Abscheidungen an geschmirgelten Platinblechen in 3proz. salzsaurer Lösung ausgeführt. Es zeigte sich, daß die Körper von 59 Min., 10 Stunden und 3 Tagen Halbwertszeit sich stets, wenn auch in bisher nicht gut reproduzierbaren Mengen an dem Platinblech abscheiden, während von dem 2,2-Min.- und dem 16-Min.-Körper niemals eine Abscheidung beobachtet wurde. Das entspricht einem Verhalten, wie es zu erwarten ist, wenn diese beiden letzteren Substanzen Elementen mit $Z = 93$ entsprechen, also sog. Ekarhenium darstellen und die längerlebigen Substanzen höhere Homologe der Platingruppe sind ($Z = 94$, 95 oder 96). Dieser Befund ist auch insofern befriedigend, als von Substanzen, die durch eine *gemeinsame* Fällung (H_2S) erhalten werden, diejenigen mit kürzerer Lebensdauer in dem Ablauf der Umwandlungsprozesse entweder *vor* den längerlebigen stehen oder *parallel* mit ihnen (aus Verzweigungsprozessen) entstehen müssen. Der Umstand, daß die 2,2- und 16-Min.-Körper von den anderen mit längerer Lebensdauer trennbar sind, und daß die Art der chemischen Verschiedenheit bei elektrochemischer Abscheidung den kurzlebigen die niedrigere Ordnungszahl ($Z = 93$) zuweist, zeigt, daß diese Körper *vor* den längerlebigeren entstehen.

Eine weitere Bestätigung für diese Zuordnung haben wir durch folgende Versuche erhalten. Wenn man das bestrahlte Uran in HCl auflöst und mit NaOH fällt, so zeigt es sich, daß das NaOH-Filtrat erhebliche Mengen des 2,2- und des 16-Min.-Körpers enthält, während die übrigen schwefelwasserstoffällbaren Substanzen sich praktisch quantitativ in der NaOH-Fällung mit den Uran- und Thorisotopen zusammenfinden. Auch das spricht dafür, daß die beiden im Natronlaugefiltrat vorhandenen Substanzen Elemente jenseits Uran sind und die Kernladung $Z = 93$ (Ekarhenium) besitzen. Denn einerseits werden unter unseren Versuchsbedingungen (Anwesenheit von viel Uran) durch Natronlauge alle Elemente von $Z = 92$ bis $Z = 90$ gefällt; andererseits bleibt Rhenium selbst quantitativ im Natronlaugefiltrat, während die Elemente der Platingruppe zum großen Teil im Niederschlag sind. Damit steht in Übereinstimmung, daß die 59-Min., 10-Stunden- und 3-Tage-Körper durch die NaOH bei Anwesenheit des Urans weitgehend gefällt erscheinen.

Was den 23-Min.-Körper betrifft, so konnte mit Sicherheit festgestellt werden, daß er ein Uranisotop sein muß. Wenn bei Bestrahlung mit *verlangsamten* Neutronen im Filtrat der H_2S-Fällung das Uran durch eine typische Uranfällung z. B. als Urannatriumazetat gefällt wurde, so fand sich in der Fällung stets der 23-Min.-Körper, dessen zeitlicher Abfall sich der Nachbildung des UX überlagerte. Dieser muß also ein Uranisotop sein. Wurde dagegen mit *unverlangsamten* Neutronen bestrahlt

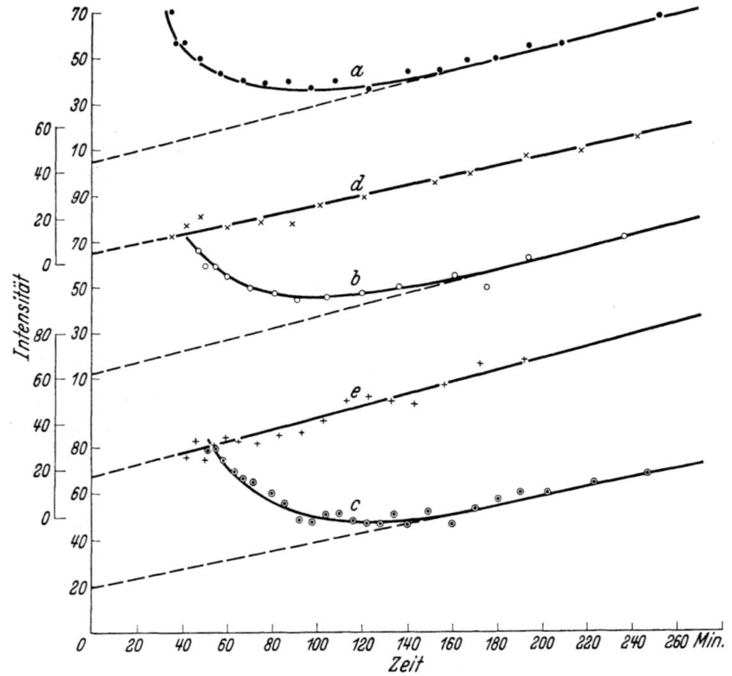

Abb. 4. Nachweis des Uranisotops von 23 Min. Halbwertszeit.

und dann die gleiche chemische Trennung ausgeführt, so zeigte das gefällte Uran nur den UX-Anstieg, weil schnelle Neutronen den 23-Min.-Körper nicht erzeugen. Dies ist deutlich aus der Abb. 4 zu entnehmen, die in den Kurven *a*, *b* und *c* die zeitliche Änderung des gefällten Urans bei Bestrahlung mit verlangsamten, in den Kurven *d* und *e* bei Bestrahlung mit unverlangsamten Neutronen wiedergibt.

Abb. 5 zeigt den zeitlichen Abfall der Kurven *a*, *b* und *c* (nach Abzug des Uran X-Anstieges), der einer Halbwertszeit von 23 ± 2 Min. entspricht.

Es ist jetzt noch ein Wort über die ganz kurzlebigen FERMIschen Substanzen von 10 bis 15 Sek. Lebensdauer und von 40 Sek. Lebensdauer zu sagen, für die wir nur Zeitangaben von < 40 Sek. und < 1 Min.

machen können. Da sie ja ohne chemische Trennungen nachweisbar sind, so müssen sie im genetischen Zusammenhang der Substanzen vor dem 2,2-Min.-Körper stehen, sie sind also wahrscheinlich Uranisotope. Es wurde auch versucht, dies durch direkte chemische Trennungen zu stützen. Nach ganz kurzer Bestrahlung (2 bis 3 Min.) mit Neutronen wurde möglichst schnell eine Urannatriumazetatfällung durchgeführt und $2^1/_2$ Minuten nach Unterbrechung der Bestrahlung die erste Messung im Zählrohr vorgenommen. Die ersten Meßpunkte ergaben einen sehr schnellen Abfall, was auf das Vorhandensein kurzlebiger Uranisotope hindeutet.

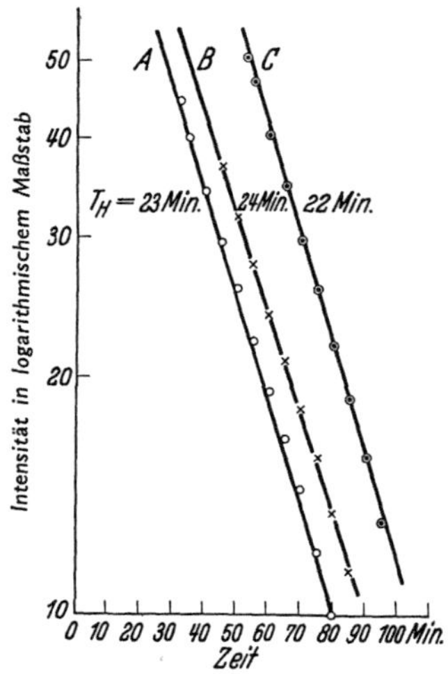

Abb. 5.
Das Uran von 23 Min. Halbwertszeit.

Außer den angegebenen chemischen Trennungen sind noch eine Reihe anderer Reaktionen ausprobiert worden, auf die ich aber hier nicht näher eingehe. Erwähnt sei nur, daß hinter dem 3-Tage-Körper noch ein β-strahlendes Umwandlungsprodukt von etwa 3 Stunden Halbwertszeit existiert, das z. B. durch starkes Erhitzen des 3-Tage-Körpers von diesem abgetrennt werden kann und dann natürlich wieder nachgebildet wird.

Die durch die verschiedenen chemischen Trennungen gewonnenen Ergebnisse zeigt Tabelle 2.

Tabelle 2.

Durch H_2S fällbar $Z > 92$		Durch H_2S nicht fällbar $Z \leqq 92$	
2,2 Min. 16 ,,	$Z = 93$ (NaOH-Filtrat)	<40 Sek. <1 Min.	(wahrscheinlich $Z = 92$)
59 Min. 10 Stunden 3 Tage 3 Stunden	$Z > 93$ (94—96?) (NaOH-Fällung)	23 Min. ($Z = 92$)	

C. Die Art der wirksamen Prozesse.

Wie schon betont, muß das Uranisotop von 23 Min. Halbwertszeit durch einen *anderen* Auslösungsprozeß entstehen als alle übrigen gefundenen Umwandlungsprodukte, da es ja im Gegensatz zu diesen nur durch verlangsamte Neutronen hervorgerufen wird. Also werden bei Bestrahlung des Urans mit Neutronen *mindestens* zwei verschiedene Kernprozesse eingeleitet. Betrachtet man nun die Reihe der Umwandlungsprodukte, die sowohl mit unverlangsamten als mit verlangsamten Neutronen beobachtbar sind, so fällt es auf, daß sich unter diesen *zwei* sehr kurzlebige Substanzen befinden, die sehr wahrscheinlich als Uranisotope anzusprechen sind, ferner *zwei* Substanzen, die chemisch sich wie Ekarhenium verhalten, und mehrere Umwandlungsprodukte, die anscheinend höhere Homologe der Platingruppe sind. Das legt die Vermutung nahe, daß diese Reihe von Umwandlungsprodukten nicht einem einheitlichen, sondern zwei Ausgangsprozessen zuzuordnen sind, die zu zwei parallel ablaufenden Umwandlungsreihen führen.

Diese Frage läßt sich experimentell in folgender Weise entscheiden. Der 16-Min.-Körper entsteht, wie oben schon erwähnt, sicher zeitlich *vor* dem 59-Min.-Körper. Wenn alle hier betrachteten Umwandlungsprodukte ein und derselben Reihe angehören, so muß der 59-Min.-Körper aus dem 16-Min.-Körper entstehen. Ist das nicht der Fall, so müssen 16- und 59-Min.-Körper zwei verschiedenen Umwandlungsreihen angehören, also *außer* dem zum Uran von 23 Min. Halbwertszeit führenden Prozeß müssen noch *zwei* weitere, unabhängig voneinander verlaufende Prozesse vorhanden sein.

Um diese Frage zu prüfen, wurde die oben beschriebene Tatsache benützt, daß bei NaOH-Fällung des bestrahlten Urans praktisch nur die Ekarheniumkörper ins Filtrat gehen. Der nach kurzer Neutronenbestrahlung (meist 16 Min. lang) im Filtrat der Natronlauge ausgefällte 16-Min.-Körper wurde auf seine zeitliche Abklingung untersucht und mit der theoretischen Kurve verglichen, die sich unter der Annahme der Bildung des 59-Min.-Körpers aus dem 16-Min.-Körper errechnet. In diese Berechnung geht die relative Strahlungsintensität der beiden Substanzen ein, die wir aus anderen Messungen, z. B. bei Fällung beider Substanzen mit H_2S aus salzsaurer Lösung, entnehmen können.

Das Resultat solcher Versuche ist in der Abb. 6 wiedergegeben. Man sieht, daß die experimentelle Kurve (A) einen ganz anderen Verlauf zeigt als die theoretisch berechnete (B). Nach einem mit 16—17 Min. Halbwertszeit erfolgenden Intensitätsabfall bleibt eine sehr langsam abnehmende geringe Intensität übrig, die vermutlich dem 10-Stunden-Körper angehört. Das heißt, aus dem 16-Min.-Körper entsteht *nicht* der 59-Min.-Körper, sondern ein Umwandlungsprodukt von viel größerer Lebensdauer. Dann entstehen aber der 16-Min.-Körper und der 59-Min.-Körper aus *zwei unabhängigen* Ausgangsprozessen.

Wir haben also bei der Bestrahlung des Urans mit Neutronen *drei* verschiedene Ausgangsprozesse zu unterscheiden: zwei, die sowohl mit schnellen als mit verlangsamten Neutronen angeregt werden und zu Elementen jenseits Uran führen und anscheinend sehr ähnlich ablaufende Umwandlungsreihen bilden. Da vor den beiden Ekarheniumatomarten von 2,2 Min. und 16 Min. Halbwertszeit zwei Uranisotope von 10 bis 15 Sek. und 40 Sek. Halbwertszeit (nach FERMI und Mitarbeitern) stehen, so stellen diese vermutlich die Anfangssubstanzen dar, entsprechend dem Schema

$$1)\quad U + n — U^{10-15\,\text{Sek.}} \xrightarrow{\beta} \text{EkaRe}^{2,2\,\text{Min.}} \xrightarrow{\beta} \text{EkaOs}^{59\,\text{Min.}} \xrightarrow{\beta} \text{EkaIr}$$

$$2)\quad U + n — U^{40\,\text{Sek.}} \xrightarrow{\beta} \text{EkaRe}^{16\,\text{Min.}} \xrightarrow{\beta} \text{EkaOs}^{10\,\text{h}} \xrightarrow{\beta} \text{EkaIr?}$$

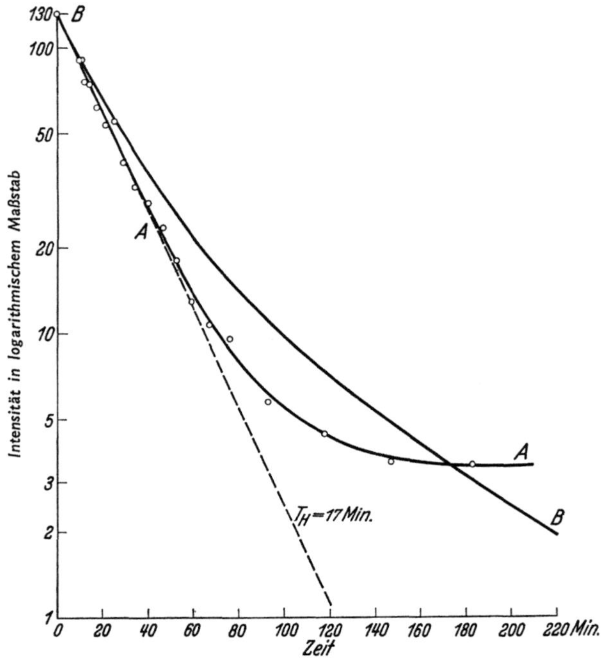

Abb. 6. Nachweis der genetischen Unabhängigkeit des 16-Min.- und 59-Min.-Körpers.

Daneben existiert ein dritter Prozeß, der zu dem viel langlebigeren U von 23 Min. Halbwertszeit führt, *nur* durch verlangsamte Neutronen ausgelöst wird und für den wir in einer vorangehenden Arbeit das Schema vorgeschlagen hatten:

$$3)\quad U_{92}^{238} + n_0^1 \rightarrow Th_{90}^{235} + \alpha;$$

$$Th_{90}^{235} \xrightarrow{\beta} Pa_{91}^{235} \xrightarrow{\beta} U_{92}^{235} \xrightarrow{\beta} \text{EkaRe?}$$

Das U^{235} müßte der von uns als Uranisotop identifizierte Körper von 23 Min. Halbwertszeit sein; das Pa_{91}^{235} muß sehr kurzlebig sein, weil ein Pa_{91}^{233}, das bei Bestrahlung des gewöhnlichen Thoriums mit Neutronen auftritt, bereits nur mehr etwa 2 Min. Halbwertszeit besitzt; das Th^{235} glaubten wir in der zitierten Veröffentlichung als Thorisotop von 4 Min. Halbwertszeit nachgewiesen zu haben. Die weitere Nachprüfung ergab indessen, daß, wenn tatsächlich der Prozeß nach Schema 3 verläuft, das entstehende Thorisotop 235 eine sehr viel kürzere Lebensdauer als 4 Min. haben muß. Wir fanden nämlich bei dieser Thorreaktion, (bei der natürlich das ganze vorhandene UX mitgefällt wird, was sehr erschwerend wirkt), daß immer auch Spuren des 23-Min.-Urans vorhanden waren. Das war nur so zu erklären, daß ein kleiner Teil des gebildeten 23-Min.-Urans in vierwertiger, statt in sechswertiger Form vorlag und dann durch eine SZILARD-CHALMERS-Trennung mit dem vierwertigen Thor ausfiel. Wir führten daher vor der Thoriumabtrennung das bestrahlte Uran durch Oxydation in die sechswertige Stufe über. Die Thoriumtrennung ergab jetzt keinerlei Anwesenheit des 23-Min.-Körpers, es war aber auch kein 4-Min.-Körper mehr nachweisbar. Wenn ein Th^{235} existiert, muß es sehr viel kurzlebiger sein. Wir hoffen, die Frage dadurch entscheiden zu können, daß wir versuchen wollen, ob sich die während der Neutronenbestrahlung auftretende α-Strahlung etwa durch eine WYNN-WILLIAMS-Anordnung mit Sicherheit nachweisen läßt.

Was die beiden anderen Prozesse betrifft, so ist wohl vermutlich die Reihe mit den *kleineren* Lebensdauern (Schema 1) einem Einfangprozeß des Neutrons durch das Uran 238 zuzuschreiben nach dem Schema

$$1.\quad U_{92}^{238} + n_0^1 \rightarrow U_{92}^{239} \xrightarrow{\beta} \mathrm{EkaRe}_{93}^{239} \xrightarrow{\beta} \mathrm{EkaOs}_{94}^{239} \xrightarrow{\beta} \mathrm{EkaIr}^{239}$$

Zweifelhaft bleibt hierbei vorläufig, ob diesem Prozeß der 3-Tage-Körper als EkaIr^{239} und der aus dem 3-Tage-Körper entstehende 3-Stunden-Körper als EkaPt^{239} zuzuordnen ist. Gewisse Ergebnisse sprechen für einen derartigen Zusammenhang, aber zur sicheren Entscheidung müssen noch weitere Versuche durchgeführt werden.

Der Prozeß 2 (Uran 40 Sek., EkaRe 16 Min. usw.) müßte nach allem, was wir wissen, einem Uran mit kleinerem Atomgewicht zugeschrieben werden als U^{238}. Denn die einzelnen Atomarten zeigen, verglichen mit den entsprechenden Isotopen des Prozesses 1, durchwegs längere Lebensdauern. Nun kennen wir aus der gewöhnlichen Radioaktivität die allgemeine Regel, daß *β-strahlende* Isotope um so langlebiger sind, je niedriger ihr Atomgewicht ist. Wir glaubten auch in Übereinstimmung mit FERMI, daß das EkaRe von 16 Min. Halbwertszeit bei Verlangsamung der Neutronen nicht erheblich verstärkt würde. Wir deuteten daher diesen Prozeß dahin, daß durch ein *schnelles* Neutron aus dem U^{238} ein *zweites* Neutron herausgeschlagen würde, entsprechend dem Schema

$$2.\quad U_{92}^{238} + n_0^1 \rightarrow U_{92}^{237} + 2n_1^0;$$

$$U_{92}^{237} \xrightarrow{\beta} \mathrm{EkaRe}_{93}^{237} \xrightarrow{\beta} \mathrm{EkaOs}_{94} \xrightarrow{\beta} \mathrm{EkaIr}\,?$$

Die einen solchen Prozeß bewirkenden Neutronen müssen sicher mehr als $7 \cdot 10^6$ Volt Energie besitzen, da ja erstens der Massendefekt des herausgeworfenen Neutrons gedeckt werden muß, und beide Neutronen auch eine gewisse kinetische Energie erhalten müssen. Die angeführte Deutung hat sich aber auf Grund neuerer Versuche, die etwas über die Geschwindigkeit der wirksamen Neutronen auszusagen gestatten, als unrichtig erwiesen.

D. Versuche über die Geschwindigkeit der wirksamen Neutronen.

Wie schon mehrfach erwähnt, wird der Prozeß 3 nur mit verlangsamten Neutronen ausgelöst, die Prozesse 1 und 2 treten dagegen sowohl bei Bestrahlung mit unverlangsamten als mit verlangsamten Neutronen auf. Nun ist durch eine Reihe von Arbeiten von SZILARD, von FERMI und Mitarbeitern, von FRISCH und PLACZEK, von RASETTI, von HALBAN und PREISWERK u. a. gezeigt worden, daß bei vielen Substanzen das Einfangen der langsamen Neutronen ein Resonanzeffekt ist, so daß für Neutronen bestimmter Geschwindigkeit der Wirkungsquerschnitt des Einfangens sehr groß wird. Zum Beispiel absorbiert Cadmium sehr stark die termischen Energien und ist für Neutronen mit mehr als 0,5 eV kinetischer Energie praktisch durchsichtig. Ag hat eine Resonanzabsorption für Neutronen von 2,5 oder von ca. 7 Volt Energie (hier schwanken die Angaben der verschiedenen Forscher) und absorbiert thermische Neutronen 50mal weniger als die Neutronen seiner Resonanzenergien. Gold soll ein Resonanzniveau bei ca. 5 Volt haben, soll also Neutronen von 5 Volt Energie sehr erheblich absorbieren. Durch Vorschaltung derartiger Filter vor die durch Neutronen umzuwandelnde Substanz und Bestimmung der Ausbeute mit und ohne vorgeschaltetes Filter kann man entscheiden, ob die umzuwandelnde Substanz auf die Resonanzgruppen der Filtersubstanzen anspricht oder nicht.

Wir haben solche Versuche mit Cadmium, Silber und Gold ausgeführt.

Cadmiumfilter. Bei allseitiger Vorschaltung von 0,2 mm Cadmium vor das Uranpräparat und Bestrahlung mit durch 3 cm Paraffin verlangsamten Neutronen betrug die Strahlungsintensität der 2,2-Min.-, 16-Min.-, 59-Min.-, 10-Stunden- und 3-Tage-Körper (die durch H_2S gefällt waren) nur ca. 10 bis 5% der Intensität, die diese Körper unter sonst gleichen Bestrahlungs- und Fällungsbedingungen *ohne* Vorschaltung von Cadmium aufweisen. Dagegen war die Intensität des 23-Min.-Uran zu rund 70% vorhanden. Das zeigt wieder, daß die Prozesse 1 und 2 sich sehr ähnlich verhalten im Gegensatz zu Prozeß 3, aber es beweist auch weiter, daß unsere Deutung des Prozesses 2 nicht zulässig ist. Denn nach dieser Deutung sollte Prozeß 2 ja durch Neutronen von mehr als $7 \cdot 10^6$ Volt Energie erzeugt werden, und so schnelle Neutronen werden nach vielen vorliegenden Messungen, z. B. von Pegram und Dunning und von Mitchell und Murphy sicher nicht zu 90 oder 95% durch Cadmium absorbiert. Cadmium absorbiert nur thermische Neutronen sehr stark, und das mit Cadmium für die Uranumwandlungen erhaltene Resultat besagt, daß unter unseren Bestrahlungsbedingungen die Prozesse 1 und 2 zumindest zu 90% von thermischen Neutronen ausgelöst werden. Der restliche Anteil rührt von schnelleren Neutronen her, deren Geschwindigkeit wahrscheinlich

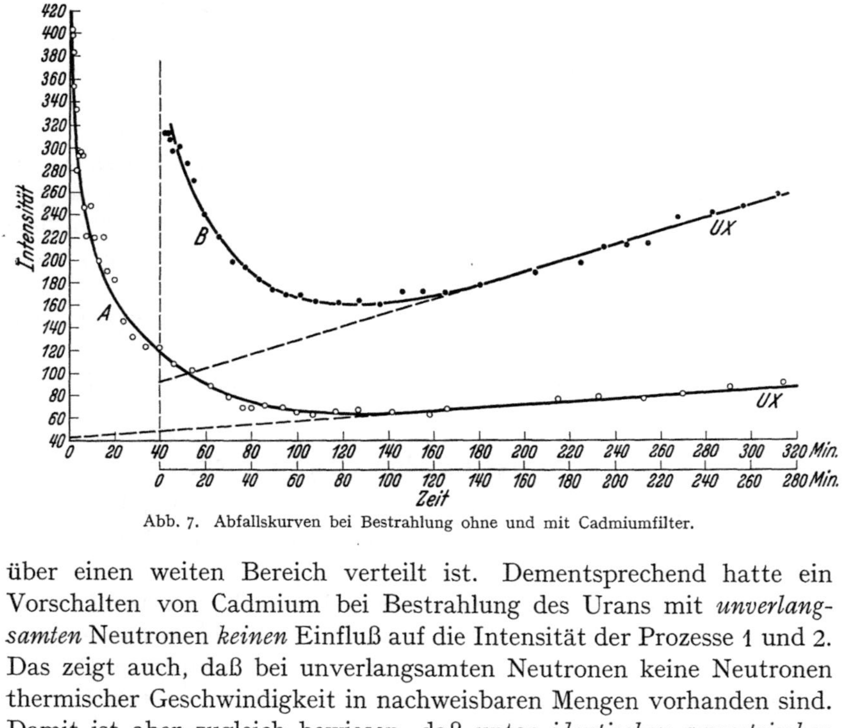

Abb. 7. Abfallskurven bei Bestrahlung ohne und mit Cadmiumfilter.

über einen weiten Bereich verteilt ist. Dementsprechend hatte ein Vorschalten von Cadmium bei Bestrahlung des Urans mit *unverlangsamten* Neutronen *keinen* Einfluß auf die Intensität der Prozesse 1 und 2. Das zeigt auch, daß bei unverlangsamten Neutronen keine Neutronen thermischer Geschwindigkeit in nachweisbaren Mengen vorhanden sind. Damit ist aber zugleich bewiesen, daß unter *identischen geometrischen* Bedingungen die Prozesse 1 und 2 bei Verlangsamung der Neutronen durch 3 cm Paraffin 10- bis 20mal verstärkt werden. Daß Fermi und Mitarbeiter für das Verstärkungsverhältnis den Faktor 1,6 fanden, liegt wohl daran, daß geringe Änderungen der geometrischen Bedingungen den Verstärkungsfaktor um ein Vielfaches verändern.

Der Prozeß 3 wird nach dem obigen Befund im wesentlichen nicht durch thermische Neutronen hervorgerufen, sondern offenbar durch langsame Neutronen von der Energie einiger Volt. Dieses sehr unterschiedliche Verhalten des Prozesses 3 gegenüber Cadmium ist aus Abb. 7 zu ersehen. Die Kurve A zeigt den zeitlichen Abfall eines *ohne*

Cadmium bestrahlten Uranpräparates, *B mit* Vorschaltung von Cadmium. In beiden Fällen wurde das bestrahlte Uran ohne Vornahme chemischer Trennungen untersucht. *A* zeigt anfänglich den sehr schnellen Abfall der kurzlebigen Urane und der beiden Ekarheniumkörper, während *B*, wie die Differenzbildung erkennen läßt, praktisch nur den Abfall des 23-Min.-Urans aufweist.

Silberfilter. Wurden die gleichen Versuche mit 0,05 mm dickem Silber als allseitiges Filter ausgeführt, so zeigte sich gerade umgekehrt eine starke Herabsetzung des Prozesses 3 und eine praktisch unveränderte Intensität der Prozesse 1 und 2. Das letztere hängt wohl damit zusammen, daß das Absorptionsband des Silbers außerordentlich schmal sein dürfte und sich daher in dem weiten Bereich *schneller* Neutronen, die (neben thermischen) die Prozesse 1 und 2 auszulösen vermögen, nicht bemerkbar machen kann.

Der Prozeß 3 war durch das 0,05 mm dicke Silber auf weniger als 50 % herabgedrückt, d. h. 0,05 mm Silber bewirken eine fast doppelt so große Herabsetzung als 0,2 mm Cadmium. Das legt die Vermutung nahe, daß die Energie der Neutronen, die den Prozeß 3 auslösen, in der Nähe der Resonanzenergie des Silbers liegt.

Goldfilter. Als Goldfilter wurden zwei verschiedene Goldfolien von 0,01 mm und 0,045 mm Dicke verwendet und für alle 3 Prozesse innerhalb der Meßfehlergrenzen kein Unterschied für die Intensitäten mit und ohne Gold gefunden.

E. Diskussion der Ergebnisse.

Zusammenfassend kann man sagen, daß die Prozesse 1 und 2 vorwiegend durch thermische Neutronen und mit einem erheblich kleineren Wirkungsquerschnitt auch durch Neutronen größerer Energie hervorgerufen werden, wobei wir nicht angeben können, ob diese Energien die Größenordnung von einigen Volt, oder von 10^3 oder von 10^6 Volt haben. Vermutlich erstrecken sich die wirksamen Energien über einen großen Bereich.

Der Prozeß 3 scheint ein Resonanzprozeß zu sein mit einer Resonanzenergie nahe der des Silbers, also einer Energie von einigen Volt.

Um nochmals auf die Frage der Natur dieser 3 Prozesse zurückzukommen, so würde sich als einfachste Lösung die Annahme bieten, daß die Prozesse ihren Ausgangspunkt von 3 im Uran vorhandenen Isotopen nehmen. Ich habe eingangs die relative Intensität der 3 im Uran vorhandenen Isotopen U 238, U 235 und U 234 angegeben. Daß der Prozeß 1 vom Uran 238 ausgeht, ist wohl ziemlich sicher. Will man die Prozesse 2 und 3 den Isotopen 235 und 234 zuschreiben, so ergeben sich gewisse nicht unwesentliche Schwierigkeiten. Das Isotop U 235 muß durch Einfangen eines Neutrons ein U 236 werden und — wenn es Ausgangspunkt des Prozesses 2 sein soll — muß es ein β-strahlendes Uran von sehr kurzer Lebensdauer sein. Wir würden nach allen unseren Kenntnissen erwarten, daß ein U 236 ein langlebiger α-Strahler ist. Außerdem müßte dieser Prozeß, entsprechend der geringeren Häufigkeit von U 235 gegenüber 238, einen ca. 300 mal größeren Wirkungsquerschnitt haben als der Prozeß 1. Sollte sich erweisen, daß die den Prozeß 2 auslösenden *schnellen* Neutronen eine Energie von der Größenordnung von 10^6 Volt haben, so würde die Herleitung des Prozesses vom U 235 sicher auszuschließen sein, denn so schnelle Neutronen können keine so großen Wirkungsquerschnitte haben. Noch sehr viel größer müßte der Wirkungsquerschnitt eines Prozesses sein, der von dem nur zu 0,007% vorhandenen U 234 ausginge, wobei ein β-strahlendes U 235 entstehen müßte. U 235 ist aber als langlebiger α-Strahler als Muttersubstanz der Actiniumreihe bekannt und von DEMPSTER auch massenspektroskopisch nachgewiesen worden. Dieselbe Schwierigkeit enthält allerdings auch unser erstes, für den Prozeß 3 angegebenes Schema, denn es führt auch zu einem β-strahlenden Uran 235. Man wird sich vorläufig wohl schwer entschließen, an „isomere" Atomkerne zu glauben, d. h. an Kerne, die bei gleichem Atomgewicht und gleicher Ordnungszahl verschiedene radioaktive Eigenschaften besitzen. Es ist aber in diesem Zusammenhang vielleicht interessant, daß wir auch bei anderen Elementen bisher nicht deutbare Umwandlungen durch Neutronen kennen. So sind z. B. bei Brom drei verschiedene, durch Paraffin verstärkbare Prozesse nachgewiesen, obwohl nur zwei Bromisotope existieren, und ähnlich liegen die Verhältnisse beim Indium und vielleicht auch bei Rhodium. Und in der Uranreihe ist ja das UZ als Umwandlungsprodukt bekannt, das als isobar und isotop mit dem UX_2 angenommen werden muß und trotzdem eine ganz andere Zerfallgeschwindigkeit besitzt als dieses.

Die Annahme „isomerer" Kerne würde eine Deutung der künstlichen Uranumwandlungen ermöglichen. Sie führt auch zu gewissen Folgerungen, die experimentell prüfbar sind. Wir hoffen nach Durchführung dieser Experimente klarer zu sehen, ob die Frage „isomerer" Kerne ernsthaft in Erwägung zu ziehen ist.

Literatur.

1. FERMI, E.: Ric. scient. (V) **1**, 283 u. 330 (1934).
2. AMALDI, E., O. D'AGOSTINO, E. FERMI, F. RASETTI u. E. SEGRÉ: Ric. scient. (V) **1**, 542, (1934).
3. FERMI, E., E. AMALDI, O. D'AGOSTINO, F. RASETTI u. E. SEGRÉ: Proc. roy. Soc. Lond. **146**, 483 (1934) und **149** 522 (1935).
4. GROSSE, A. v., u. M. S. AGRUSS: Nature (Lond.) **134**, 773 (1934).
5. HAHN, O., u. L. MEITNER: Naturwiss. **23**, 230 u. 320 (1935).
6. MEITNER, L., u. O. HAHN: Naturwiss. **24**, 158 (1936).
7. HAHN, O., L. MEITNER u. F. STRASSMANN: Ber. dtsch. chem. Ges. **69**, 905 (1936).

8. SZILARD, L., u. T. A. CHALMERS: Nature (Lond.) **134**, 494 (1934).
9. SZILARD, L.: Nature (Lond.) **137**, 34 (1936).
10. PREISWERK, P., u. H. v. HALBAN: Nature (Lond.) **136**, 1027 (1935) u. **137**, 905 (1936); C. r. **202**, 840 (1936).
11. MOON, P. B., u. J. R. TILLMAN: Nature (Lond.) **135**, 66 u. 904 (1935) u. Proc. roy. Soc. **153**, 476 (1936).
12. AMALDI, E., u. E. FERMI: Ric. scient. (VI) **2**, 344 u. 443 (1935); (VII) **1**, 56 (1936).
13. WIGNER, E., u. G. BREIT: Physic. Rev. **49**, 642 (1936).
14. FRISCH, O. R., G. v. HEVESY u. H. A. C. McKAY: Nature (Lond.) **137**, 149 (1936).
15. BOHR, N.: Nature (Lond.) **137**, 344 (1936); Naturwiss. **24**, 241 (1936)
16. FRISCH, O. R., u. G. PLACZEK: Nature (Lond.) **137**, 357 (1936).
17. DUNNING, J. R., G. B. PEGRAM, G. A. FINK u. D. B. MITCHELL: Physic. Rev. **47**, 116 (1935) u. **49**, 103 u. 340 (1936).

Über Resonanzniveaus für Neutronenabsorption.

Von HANS VON HALBAN JUN. und PETER PREISWERK-Paris.

Mit 4 Abbildungen.

Die Versuche von DUNNING und Mitarbeitern haben gezeigt, daß das Spektrum einer Quelle langsamer Neutronen, wie wir im folgenden kurz eine Radium-Beryllium-Quelle, die von Paraffin umgeben ist, nennen wollen, im Gebiet thermischer Energien ein Intensitätsmaximum mit annähernder MAXWELL-Verteilung aufweist (thermische Neutronen). Ein weiterer Versuch (*1*) zeigt, daß der Wirkungsquerschnitt von Silber für thermische Neutronen umgekehrt proportional zu deren Geschwindigkeit ist. Dies erklärt qualitativ die Ergebnisse von MOON und TILLMAN (*2*), die fanden, daß das Abkühlen des Paraffins einer Quelle langsamer Neutronen eine Erhöhung der Aktivität eines Silberindikators erzeugt. Es fällt jedoch auf, daß diese Erhöhung nicht so groß ist, wie sie sein müßte, wenn:

a) das $1/v$-Gesetz für die Absorption thermischer Neutronen gilt;

b) die gekühlte Quelle tatsächlich Neutronen mit einer ihrer Temperatur entsprechenden MAXWELL-Verteilung aussendet.

Wir glaubten diese Schwierigkeit durch die Annahme zu erklären, daß zwar a) und b) gelten, daß aber Silber auch andere Neutronen als thermische in erheblichem Maße absorbieren kann. Es gelang dies mit Hilfe eines Cadmiumfilters zu beweisen (*3*). Nach Versuchen von DUNNING und anderen und von FERMI und seinen Mitarbeitern muß Cadmium eine Absorptionskante im Spektrum langsamer Neutronen haben. Es absorbiert nämlich einen Teil der in Silber stark absorbablen Neutronen überhaupt nicht.

Es zeigte sich, daß die Aktivität, die eine Quelle langsamer Neutronen in einem Silberdetektor erzeugt, vollkommen unabhängig von der Temperatur des Paraffins war, wenn ein Cadmiumfilter (0,3 g/cm^2) vor den Detektor geschaltet wurde. Bezieht man andererseits die Erhöhung der Aktivität, die man durch Abkühlen des Paraffins auf 90° abs. erhält, auf den — allein temperaturabhängigen — in Cd absorbablen Teil der Strahlung, so ergibt sich eine Erhöhung seiner Wirksamkeit um 70%. Der bei Gültigkeit des $1/v$-Gesetzes zu erwartende Wert wäre 78%. (Ähnliche Resultate wurden für Rhodium und Silber erhalten.)

BJERGE und WESTCOTT, MOON und TILLMANN und andere (*4*) zeigten, daß bei der Absorption von Neutronen durch eine Reihe von Elementen selektive Effekte auftreten. Bestimmt man mit einer Quelle langsamer Neutronen und einem Detektor den Absorptionskoeffizienten eines dieser Elemente, so ist sein Wert nicht unabhängig von der Wahl des Detektors. *Man findet stark verschiedene Werte und stets den höchsten Wert dann, wenn Absorber und Detektor aus dem gleichen Element bestehen.* AMALDI und FERMI (*5*) und gleichzeitig SZILARD (*6*) fanden nun, daß diese selektiven Effekte bedeutend verstärkt auftreten, wenn man die Versuche unter Zwischenschaltung eines Cadmiumfilters ausführt. Die Absorptionskoeffizienten für den in Cadmium absorbablen Teil der Strahlung sind dagegen innerhalb der Versuchsfehler von der Wahl des Detektors unabhängig (*5*). AMALDI und FERMI zeigten auch, daß der Wirkungsquerschnitt für die selektiv absorbable Strahlung stets bedeutend größer ist als für die in Cd absorbable.

Fassen wir zusammen, so ergibt sich folgendes Bild: Eine Anzahl von Kernen absorbiert aus dem Spektrum langsamer Neutronen zwei Gruppen mit merklicher Wahrscheinlichkeit: 1. Die diesen Kernen gemeinsame Gruppe der thermischen Neutronen; für sie ist der Wirkungsquerschnitt proportional zu $1/v$, sie werden von Cd stark absorbiert. 2. Die von den verschiedenen Kernen selektiv absorbierten Neutronen. Sie werden von Cd nicht absorbiert und haben daher alle höhere Energie als die thermischen Neutronen. Jeder Kern hat für seine selektive Strahlung einen höheren Wirkungsquerschnitt als für die thermischen Neutronen.

Es sollen nun einige Versuche über Absorption und Bremsung langsamer Neutronen in Paraffin besprochen werden, die zeigen, daß die für die verschiedenen Kerne charakteristischen Strahlungen sich durch ihre Energie unterscheiden. Wir nehmen diese Resultate vorweg und bezeichnen die den einzelnen Kernen entsprechenden Neutronengruppen als Resonanzneutronen, z. B. Jodresonanzneutronen: RN(J).

Bei Elementen mit mehreren Isotopen werden die Gruppen noch nach der Periode des künstlich radioaktiven Elements unterschieden, das durch ihre Absorption entsteht, z. B.: RN($Ag_{22''}$).

Umgibt man eine Quelle schneller Neutronen mit verschieden großen Kugeln aus Paraffin und mißt den Gesamtstrom thermischer Neutronen, der aus jeder Kugel austritt, so erhält man mit steigendem Kugelradius zunächst ein rasches Anwachsen der Intensität. Bei einem Kugelradius von 11 cm wird ein Maximum erreicht, danach fällt die Intensität langsam ab (*7*). Bekanntlich erklärt sich der Verlauf dieser „Bremskurve" aus der fortgesetzten Bildung thermischer Neutronen, der sich Absorption durch Deutonenbildung überlagert (*8*). Wir suchten nun den Diffusionsweg zu bestimmen, den ein thermisches Neutron im Mittel zurücklegt, bevor es absorbiert wird (*9*).

Die Versuchsanlage besteht aus einer Quelle langsamer Neutronen (s. Abb. 1), vor der sich 7 Paraffinplatten von 3 bis 18 mm Dicke befinden. Ind. ist ein Silberdetektor. Ein Cadmiumfilter wird zunächst direkt vor den Detektor gebracht so, daß zu diesem keine thermischen Neutronen gelangen können. Die Dicke der gesamten Paraffinschicht zwischen der Neutronenquelle und dem Detektor ist so gewählt, daß sich das Maximum der Bremskurve kurz vor dem Detektor befindet. Die Intensität der thermischen Neutronen hängt in diesem Falle nur wenig von der Schichtdicke ab. Da aber dauernd Neutronen auf thermische Geschwindigkeit abgebremst und andererseits auch absorbiert werden, muß — bei Unabhängigkeit der Intensität von der Schichtdicke — in jedem Volumelement der letzten Platten die Zahl der neugebildeten thermischen Neutronen gleich der Zahl der absorbierten sein. Die „Divergenz" dieser Platten ist also Null. Die Neubildung thermischer Neutronen durch Abbremsung läßt sich nun in einfacher Weise verfolgen. Solange es sich direkt vor dem Detektor befindet, absorbiert das Cd alle thermischen Neutronen, die vorher zu diesem gelangten. Setzen wir jedoch den Cadmiumsorber nacheinander zwischen die einzelnen Paraffinplatten, dann können die thermischen Neutronen nicht mehr absorbiert werden, die von der Neubildung in den Platten zwischen dem Detektor und dem Absorber stammen. Die absorbierende Wirkung des Cd muß also abnehmen, wenn der zwischen Cd und Ind. liegende Teil der Paraffinplatten zunimmt. In unserer Anordnung sank die Absorption auf die Hälfte, so oft die Paraffinzwischenschicht um 2,5 cm vergrößert wurde. Da die Divergenz thermischer Neutronen in diesem Gebiet gleich Null ist, geht daraus hervor, daß thermische Neutronen in Paraffin im Mittel nach einem Diffusionsweg von 2,5 cm absorbiert werden. Amaldi und Fermi (*10*) haben mit der gleichen Methode den mittleren Diffusionsweg von RN($Ag_{22''}$) bestimmt. In diesem Falle wird das Cd-Filter zur Absorption der thermischen Neutronen dauernd vor dem Silberdetektor gelassen und die Absorption einer Silberplatte *A* in den verschiedenen Stellungen vor und zwischen den Paraffinplatten untersucht. Dabei zeigt sich, daß die absorbierende Wirkung der Silberplatten bereits auf die Hälfte sinkt, wenn sich zwischen Absorber und Detektor 3 mm Paraffin befinden. (Kurve 1 in Abb. 2[1].) Die Halbwertsschichtdicke für RN($Ag_{22''}$) ist also nur ein Achtel derjenigen für thermische Neutronen. Das gleiche Ergebnis erhielten wir für RN(J) (Kurve 2). Da es nicht möglich ist, eine so starke Absorption für Resonanzneutronen anzunehmen, suchten wir das auffallende Ergebnis auf folgende Weise zu erklären (*11*):

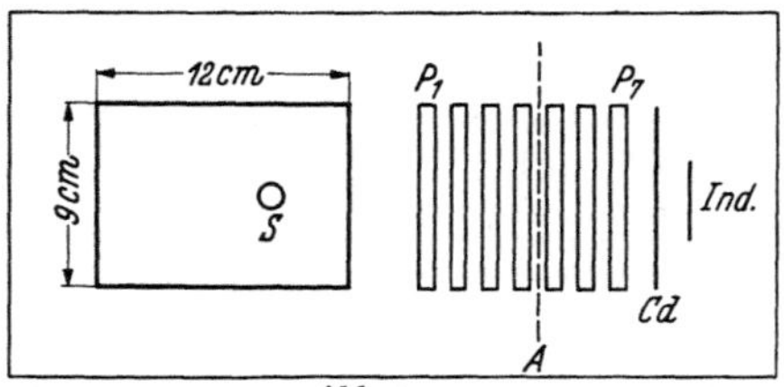

Abb. 1.

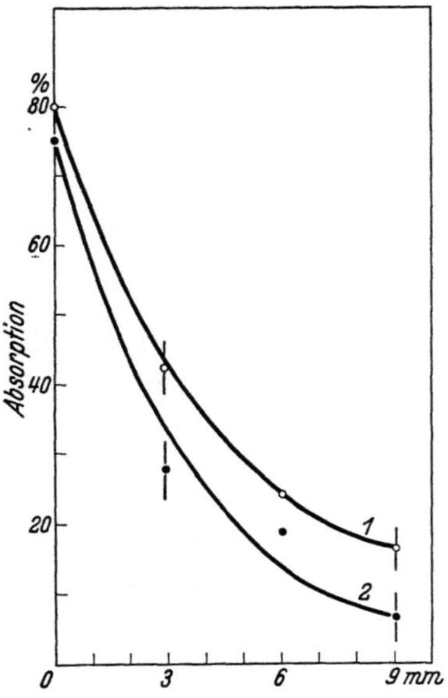

mm Paraffin zwischen Abs. und Ind.
Abb. 2. Kurve *1*: Abs. Ag, Ind. Ag.
Kurve *2*: Abs. J, Ind. J.

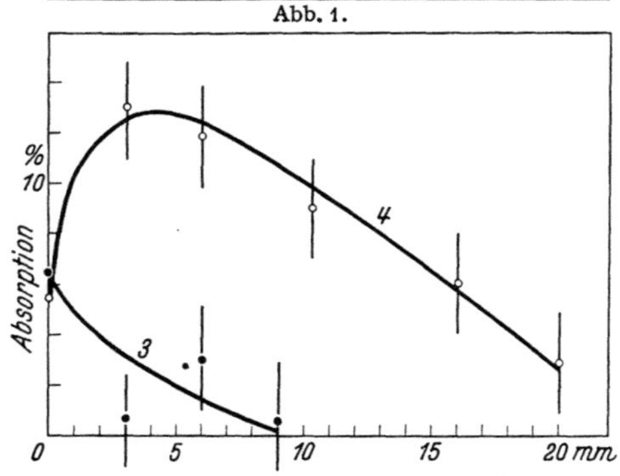

mm Paraffin zwischen Abs. und Ind.
Abb. 3. Kurve *3*: Abs. Ag, Ind. J.
Kurve *4*: Abs. J, Ind. Ag.

Lassen wir die Strahlung einer Quelle langsamer Neutronen durch eine Silberplatte passieren, so schneidet diese aus dem Spektrum die RN($Ag_{22''}$) aus. Ein Silberdetektor registriert also eine starke Absorption. Bringen wir jedoch zwischen den Absorber und den Indikator eine Paraffinplatte, die so dick sei, daß jedes Neutron dieses Geschwindigkeitsgebietes in ihr einen Stoß gegen ein Proton erleidet, so wird im Mittel die Energie der Neutronen um 50% verringert (*18*). Die Neutronen erreichen also den Detektor nur mit der Hälfte der Energie, die sie beim Passieren des Ag-Absorbers hatten. Die Lage der Absorptions-

[1] Es wird die Kurve gebracht, die wir bei Wiederholung des Experimentes erhielten, um einen direkten Vergleich mit den Kurven 2 bis 4 zu ermöglichen.

lücke im Neutronenspektrum muß sich dann aber in der gleichen Weise verschieben, wie die der Neutronen zu beiden Seiten dieser Lücke. Wenn nun die Breite des Resonanzniveaus Ag_{22}'' kleiner ist als die Hälfte der Energie dieses Niveaus, so werden nach Passieren der Paraffinplatte die RN($Ag_{22''}$) praktisch regeneriert sein, während sich die Absorptionslücke bei kleineren Energien befindet. Man versteht also, daß mit einem Silberdetektor keine Absorption der Silberplatte mehr zu beobachten sein wird. Die Richtigkeit dieser Auffassung haben wir durch Abänderung des eben beschriebenen Versuches bewiesen. Da ja die Absorptionslücke durch Zwischenschaltung der Paraffinplatte nicht verschwunden, sondern nur gegen kleinere Energien zu verschoben sein soll, so müßte eine Intensitätsschwächung im Gebiet langsamerer Neutronen zu beobachten sein. Wir wiederholten den eben beschriebenen Versuch unter Verwendung eines Jodabsorbers und eines Silberindikators (*12*). Abb. 3 zeigt das Ergebnis. Befindet sich der Jodabsorber direkt vor dem Silberdetektor, so wird — entsprechend der partiellen Überlagerung der beiden Resonanzniveaus — eine kleine Absorption festgestellt. Die Absorption verdoppelt sich, sobald sich zwischen Jodabsorber und Silberdetektor 3 mm Paraffin befinden, und sinkt bei Vergrößerung dieser Schicht langsam ab. Umgekehrt wird die absorbierende Wirkung eines Silberabsorbers auf einen Joddetektor durch Zwischenschaltung von 3 mm Paraffin sofort so stark erniedrigt, daß sie von der gleichen Größenordnung wie die Versuchsfehler wird.

Da es gelingt, RN(J) durch Verlangsamung in RN($Ag_{22''}$) zu verwandeln, müssen die RN(J) höhere Energie haben als die RN($Ag_{22''}$). Die Ausführung einfacher vergleichender Absorptionsmessungen gestattet es, unter Ausnützung der eben gewonnenen Beziehung die relative Lage anderer Resonanzniveaus zu ermitteln. Man findet:

$$(1)\quad \mathrm{RN}(\mathrm{Br}_{18'}) > \mathrm{RN}(\mathrm{J}) > \mathrm{RN}(\mathrm{Ag}_{22''}) > \mathrm{RN}(\mathrm{Rh}_{45''}) \sim \mathrm{RN}(\mathrm{Ir}) \sim \mathrm{RN}(\mathrm{In}).$$

Wir erhalten so eine qualitative Aussage über die Energie der Resonanzneutronen[1]; die Absolutwerte sind zunächst unbekannt. Bereits die Kenntnis von (1) ermöglicht es jedoch festzustellen, daß stets der Wirkungsquerschnitt eines Elements für thermische Neutronen um so größer ist, je kleiner die Energie der Resonanzniveaus ist. Dieser Zusammenhang paßt gut in den Rahmen der später zu besprechenden Theorie.

Frisch und Placzek (*14*) haben gezeigt, daß auf Grund theoretischer Überlegungen, die weiter unten besprochen werden sollen, anzunehmen ist, daß der Wirkungsquerschnitt σ von Bor für Neutronenabsorption in einem viel größeren Bereich als dem der thermischen Neutronen,

[1] Auf einem anderen Wege gelangten Amaldi und Fermi (*13*) zu gleichen Beziehungen.

umgekehrt proportional zur Geschwindigkeit der Neutronen ist. Sie schlugen vor, diese Gesetzmäßigkeit, unter Verwendung des Wirkungsquerschnittes von Bor für thermische Neutronen als Bezugspunkt, zur Bestimmung der Absolutwerte der Energien der Resonanzniveaus auszunützen. Da die Energien der Resonanzniveaus alle unbekannt sind, muß man sich mit einem qualitativen Beweis dieser Aussage begnügen. Wir glauben durch die folgenden Versuche (*19*) die Gültigkeit des $1/v$-Gesetzes plausibel machen zu können.

In der folgenden Tabelle sind die Massenabsorptionskoeffizienten μ_B von Bor für thermische Neutronen und für die verschiedenen Resonanzneutronen zusammengestellt. (Die Bestimmung erfolgt unter Verwendung der verschiedenen Elemente als Detektoren für die Resonanzgruppen. Die thermischen Neutronen werden durch Cadmium ausgeschieden, für sie wird μ_B getrennt bestimmt.) Man sieht, daß μ_B in dem ganzen zugänglichen Energiebereich mit steigender Neutronenenergie fällt. In diesem Gebiet kommen also sicher keine groben Diskontinuitäten der Beziehung zwischen μ_B (das dem Wirkungsquerschnitt σ_B proportional ist) und der Neutronenenergie vor. Unter diesen Umständen ist eine andere Gesetzmäßigkeit als $\sigma_B = a \cdot 1/v$ wenig wahrscheinlich. Unter Annahme der Gültigkeit des $1/v$-Gesetzes gelangt man zu den in der letzten Spalte angegebenen Energiewerten. Die Werte von μ_B unterscheiden sich von früher veröffentlichten, weil die Messungen so ausgeführt wurden, daß die Neutronen dem Absorber vorwiegend senkrecht durchsetzen. Eine Korrektur auf schiefen Einfall erübrigt sich dann.

Neutronenenergie *RN* von	μ_B	Energie Volt
$Br_{18'}$	0,35	300
J	0,7	75
$Ag_{22''}$	3,4	3
$Rh_{45''}$	6,3	1
therm. Energ.	30	0,04

Die Tatsache, daß Neutronen von wenigen Volt Geschwindigkeit selektiv absorbiert werden, ist nach BOHR (*15*) folgendermaßen zu verstehen. Das Neutron wird von einem Kern ${}^{m}_{z}A$ eingefangen, und es wird der Kern ${}^{m+1}_{z}A$ gebildet. Dieser Kern kann angeregt werden, und zwar auf diskrete Energieniveaus, die einen gewissen Abstand voneinander haben. Wenn durch Neutronenanlagerung ${}^{m+1}_{z}A$ gebildet wird, so muß der Massendefekt, den das Neutron bei dieser Einfangung erleidet, in Form eines γ-Quants abgegeben werden. Der neugebildete Kern entsteht also in angeregtem Zustand. Nun entspricht der Energieäquivalent des Massendefektes im allgemeinen nicht zufällig der Energie eines Niveaus des künftigen Kernes. Das Neutron wird daher bevorzugt absorbiert, wenn es gerade eine so große kinetische Energie hat, daß die Summe aus dieser kinetischen Energie und dem Massendefekt gleich der Energie eines Niveaus des Kernes ${}^{m+1}_{z}A$ ist. Dies zeigt auch, warum von einem Niveau des gebildeten und nicht etwa des Ausgangskernes gesprochen wird. Der Abstand der einzelnen Niveaus in einem Kern beträgt in dem durch die Feinstruktur der α-Strahlen bekannten Gebiet minimal 10000 Volt. Nach BOHR nimmt er gegen höhere Anregungsenergien zu ab und hat bei Anregungsenergien, die dem Massendefekt des Neutrons in mittelschweren Elementen entsprechen, die Größenordnung von 10 bis 100 Volt. Daher hat auch die kinetische Energie, die das Neutron haben muß, um durch ein solches Niveau selektiv absorbiert zu werden, diese Größenordnung.

Da die Kernniveaus eine gewisse Breite haben, ist auch die kinetische Energie des Neutrons für diese Resonanzvorgänge nicht scharf bestimmt. Selbst ein Neutron thermischer Energie kann noch — allerdings mit stark verminderter Wahrscheinlichkeit — ein Niveau erreichen, das einige Volt über dem Energieäquivalent des Massendefekts liegt. Die experimentell beobachtete Größe ist aber nicht die Absorptionswahrscheinlichkeit W, sondern der Wirkungsquerschnitt σ. σ ist proportional zu dem Produkt aus W und der Zeit, die sich das Neutron im Kerngebiet aufhält, diese ist umgekehrt proportional zur Neutronengeschwindigkeit, also $\sigma = W \cdot 1/v$.

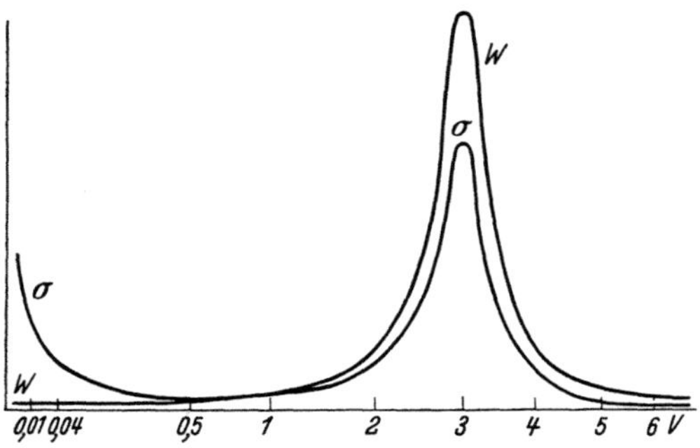

Abb. 4.

Nach BREIT und WIGNER (*16*) hat ein Kern, der Neutronen mit einer kinetischen Energie von E_0 Volt selektiv absorbiert, folgenden Wirkungsquerschnitt für Neutronen der Geschwindigkeit v und der Energie E:

$$\sigma = \frac{1}{v} \cdot W = f \cdot \frac{1}{v} \frac{\alpha}{(E - E_0)^2 + \alpha^2},$$

hierbei ist α die halbe Halbwertsbreite des Kernniveaus und f eine Konstante. In Abb. 4 sind W und σ für den Fall gezeigt, daß $E_0 = 3$ Volt und $\alpha = 0{,}25$ Volt. Im Einklang mit dem Experiment erhält man dabei für thermische Neutronen σ proportional zu $1/v$. Trotz der kleinen Absorptionswahrscheinlichkeit für thermische Neutronen erhält man einen hohen Wert für σ, der jedoch hinter dem im Resonanzmaximum zurückbleibt. Wir erhalten so zwei weitgehend getrennte Gebiete hohen Wirkungsquerschnittes, von denen das bei thermischer Energie für jeden Kern existiert, der ein Resonanzniveau für Neutronenabsorption hat.

Läßt man, bei konstantem E_0, α wachsen, so wird das selektive Maximum kleiner, um schließlich ganz zu verschwinden. Dabei wird der Bereich, innerhalb dessen σ proportional zu $1/v$ ist, immer breiter. Nun versteht man den Vorschlag von FRISCH und PLACZEK leicht. Die Absorption eines Neutrons durch Bor löst folgenden Prozeß aus:

$$^{10}_{5}\mathrm{B} + {}^{1}_{0}n \to {}^{11}_{5}\mathrm{B} \to {}^{7}_{3}\mathrm{Li} + {}^{4}_{2}\mathrm{He}.$$

Der intermediär gebildete angeregte Kern $^{11}_{5}\mathrm{B}$ muß eine sehr kurze Lebensdauer haben. Dies folgt aus der hohen Anregung und kleinen COULOMB-Kraft; es kommt hinzu, daß die Anregungsenergie sich nicht, wie bei schwereren Kernen, auf eine größere Anzahl von Elementarpartikeln verteilen kann. Infolge der kurzen Lebensdauer muß der angeregte Zustand des Kerns eine sehr große Breite haben. Daher ist ein großer Gültigkeitsbereich für die Proportionalität zwischen σ und $1/v$ zu erwarten.

Die Existenz der Resonanzniveaus für Neutronenabsorption liefert eine ideale Kompensationsmethode für die Bestimmung der Form und Breite und des Abstandes angeregter Kernzustände. Da der auf das Neutron mit der Energie Null bezogene Massendefekt konstant ist, geht bei Messungen der erwähnten Größen nur die kinetische Energie des Neutrons ein, und man erhält für Niveaus, deren Anregungsenergie ca. 10^7 Volt beträgt, eine Meßgenauigkeit von einigen Volt bis einigen Zehntel Volt; z. B. konnten wir die Form der Kurve in Abb. 4 in der Nähe des Maximums qualitativ verfolgen (*17*). Die Abhängigkeit der Absorption eines Elementes für seine eigene Resonanzstrahlung von der Schichtdicke ergibt kein Exponentialgesetz. Die Abweichungen [die auch auf die benachbarten Niveaus in einem Kern zurückzuführen sein können (*5*)] lassen sich im Falle von RN(J) und RN($Rh_{45''}$) durch Selbstumkehr der Linie erklären. Aus dem Betrag der Selbstumkehr konnte auf starken Abfall des Wirkungsquerschnittes zu beiden Seiten des Maximums geschlossen werden.

Die Tatsache, daß die Resonanzniveaus der bis jetzt untersuchten Elemente sich nur wenig überdecken, zeigt, daß sie relativ kleine Breiten haben müssen. Im Falle von RN($Ag_{22''}$) wurde die Breite mit einer einfachen Versuchsanordnung bestimmt. Die Frage nach der Breite eines Resonanzniveaus ist identisch mit der Frage, welcher Bruchteil aller Neutronen auf seinem Diffusionsweg durch das Paraffin einmal in den Bereich des Niveaus hineingebremst wird. Da sie bei jedem Zusammenstoß mit einem Proton im Mittel die Hälfte ihrer Energie verlieren, durchlaufen die Neutronen das Spektrum auf ihrem Bremsweg nicht kontinuierlich. Sie überspringen große Gebiete. In einen Bereich des Spektrums wird nur dann jedes Neutron hineingebremst, wenn die Breite des Bereiches mindestens gleich seiner halben mittleren Energie ist. Ist der Bereich kleiner, so wird ein Teil der Neutronen das Gebiet überspringen. Wir stellten uns zwei Quellen langsamer Neutronen her (*19*), die gleiche geometrische Abmessungen hatten. Die eine enthielt als bremsende Substanz eine Silbernitratlösung, die andere eine äquivalente Salpetersäure. (Der bremsende Einfluß von HNO_3 und $AgNO_3$ konnte gegenüber dem des Wasserstoffs vernachlässigt werden.) Die Quelle mit Silbernitratlösung muß natürlich, wegen der starken Absorption durch die Silberatome, weniger RN($Ag_{22''}$) aussenden als die andere Quelle. Gleichzeitig muß in der Silberlösung aber auch eine Schwächung der Intensität aller Neutronen eintreten, deren Energie kleiner ist als die der RN($Ag_{22''}$). Die Lösung wirkt nämlich wie eine Falle. Ein Neutron, das in das Silberresonanzgebiet hineingebremst wird, kann absorbiert werden, bevor es wieder aus dem Gebiet herausgebremst wird. Der Verarmungsgrad ist aber nicht notwendig der gleiche wie für die RN($Ag_{22''}$). Das wäre nur dann der Fall, wenn jedes Neutron einmal dem Silbergebiet angehören würde. Tatsächlich zeigte sich, daß RN($Rh_{45''}$), deren Energie niedriger ist als die von RN($Ag_{22''}$), bedeutend schwächer verarmten. Eine einfache Rechnung ergab, daß nur jedes vierte Neutron auf seinem Bremsweg einmal ein RN($Ag_{22''}$) wird. Die Breite des Kernniveaus ist danach 0,5 Volt[1]. Der angeregte Zustand hat also eine Lebensdauer von ungefähr 10^{-15} sec.

Literatur.

1. RASETTI, F., E. FINK, G. SEGRÉ, J. B. DUNNING u. G. B. PEGRAM: Physic. Rev. **49**, 104 (1936).
2. MOON, P. B., u. J. R. TILLMANN: Nature (Lond.) **135**, 904 (1936).
3. PREISWERK, P., u. H. v. HALBAN JUN.: Nature (Lond.) **136**, 1027 (1935).
4. BJERGE u. WESTCOTT: Proc. roy. Soc. Lond. A **150**, 709 (1935). — TILLMANN u. MOON: Nature (Lond.) **136**, 66 (1936).
5. FERMI, E., u. E. AMALDI: Ric. scient. **2**, 443 (1936).
6. SZILARD, L.: Nature (Lond.) **136**, 950 (1936).
7. WESTCOTT, C. H., u. T. BJERGE: Proc. Cambridge philos. Soc. **31**, 145 (1935).
8. LEA, D. E.: Nature (Lond.) **133**, 24 (1934). — FLEISCHMANN, R.: Z. Physik **97**, 242 (1935).
9. HALBAN JUN., H. v., u. P. PREISWERK: Nature (Lond.) **136**, 951 (1935).
10. AMALDI, E., u. E. FERMI: Ric. scient. **2**, 544 (1935).
11. HALBAN JUN., H. v., u. P. PREISWERK: C. r. Acad. Sci. Paris **202**, 133 (1936).
12. PREISWERK, P., u. H. v. HALBAN JUN.: C. r. Acad. Sci. Paris **202**, 849 (1936).
13. AMALDI, E., u. E. FERMI: Ric. scient. **2**, Nr. 11/12 (1936).
14. FRISCH, O. R., u. G. PLAZCEK: Nature (Lond.) **137**, 344 (1936). — WEEKES, LIVINGSTON u. BETHE: Physic. Rev. **49**, 471 (1936).
15. BOHR, N.: Nature (Lond.) **137**, 344 (1936).
16. BREIT, G., u. E. WIGNER: Physic. Rev. **49**, 519 (1936).
17. PREISWERK, P., u. H. v. HALBAN JUN.: Nature (Lond.) **138**, 163 (1936).
18. WICK, G. C.: Physic. Rev. **49**, 192 (1936).
19. PREISWERK, P., u. H. v. HALBAN JUN.: Nature (Lond.) **137**, 905 (1936).

[1] Dieser Wert kann durch die Mitwirkung anderer Niveaus als desjenigen bei 4 Volt bei der Absorption im Silberdetektor oder in der Lösung gefälscht sein. Da diese Niveaus jedoch bedeutend kleinere Wirkungsquerschnitte haben, ist die Fälschung keinesfalls wesentlich. Die Berechnung der Breite nach der Formel von BREIT und WIGNER ergibt, je nach den verwendeten Daten, 0,3 bis 0,6 Volt; eine größere Übereinstimmung ist keinesfalls zu erwarten.

Über Neutronenbeugung.

Von HANS VON HALBAN JUN. und PETER PREISWERK-Paris.

Mit 2 Abbildungen.

Ordnet man Neutronen thermischer Energie nach der DE BROGLIE-Beziehung Materiewellen zu, so gelangt man zu Wellenlängen, die von der Größenordnung der Gitterkonstanten von Kristallen sind. Es sollte daher möglich sein, die Materiewellen dieser Neutronen, ähnlich denen anderer schwerer Teilchen, durch Beugungserscheinungen nachzuweisen. Im folgenden wird ein, zunächst qualitativer Nachweis mitgeteilt.

Beugungsversuche nach der Methode von DEBYE und SCHERRER sollten mit monochromatischer Strahlung ausgeführt werden. Nun verfügt man noch nicht über intensive monochromatische Neutronenquellen. ELSASSER (*1*) hat aber darauf hingewiesen, daß ein Nachweis der Beugung langsamer Neutronen an kristallinen Pulvern trotzdem möglich ist: Das Spektrum einer Quelle langsamer Neutronen (Rn + Be in einem Paraffinblock) besitzt im Gebiet thermischer Energie ein Intensitätsmaximum mit annähernder MAXWELL-Verteilung (*2*). Es gibt nun Indikatoren für langsame Neutronen, deren Wirkungsquerschnitt umgekehrt proportional zur Neutronengeschwindigkeit ist. Ein solcher „$1/v$"-Indikator verzerrt natürlich die Intensitätsverteilung des Neutronenspektrums, der Abfall der MAXWELL-Verteilung nach der Seite höherer Energien wird steiler; praktisch kann man sagen, daß für diesen Indikator das Spektrum einer Quelle langsamer Neutronen dort abbricht. Man verfügt also über eine Anordnung, die nur Neutronen unter einer gewissen Energie, die nahe oberhalb kT liegt, registriert.

Läßt man ein Bündel monochromatischer Strahlung auf ein kristallines Pulver auffallen, so liegt das erste Beugungsmaximum auf einem Kegel um den einfallenden Strahl. Der Öffnungswinkel dieses Kegels ist um so größer, je langwelliger die Strahlung ist. Läßt man nun ein kontinuierliches Spektrum einfallen, das nach der kurzwelligen Seite hin begrenzt ist, so erhält man für jeden in diesem Spektrum vorhandenen Wellenlängenbereich einen solchen Kegel. Der Kegel für die nahe der kurzwelligen Grenze liegende Strahlung hat den kleinsten Öffnungswinkel. Um ihn herum reihen sich in kontinuierlicher Folge die Maxima der langwelligeren Teile des Spektrums. Innerhalb des der kurzwelligen Grenze entsprechenden Kegels ist keine kohärente Streustrahlung zu beobachten. Man beobachtet also in diesem Falle statt einer Anzahl von Beugungsmaxima einen strahlungsfreien Kegel, dessen Öffnung von der Lage der kurzwelligen Grenze des Spektrums abhängt. ELSASSER berechnete diese Öffnung für Eisenpulver und Neutronen mit

MAXWELL-Verteilung bei Zimmertemperatur zu 40°[1]. Die Verwendung eines $1/v$-Indikators sollte nach ELSASSER das Abbrechen des Spektrums auf der kurzwelligen Seite der MAXWELL-Verteilung bewirken.

Bekanntlich kann man durch Abkühlen des Paraffins einer Quelle langsamer Neutronen die Intensitätsverteilung des Spektrums verändern, das Maximum mit der MAXWELL-Verteilung wird nach niedrigeren Energien zu verschoben. Somit wird auch die Grenze der durch einen $1/v$-Indikator nachweisbaren Neutronen gegen niedrigere Energien zu verschoben. Das heißt, daß bei dem besprochenen Beugungsversuch die Öffnung des strahlungsfreien Kegels wächst (für eine Abkühlung auf 90 abs. wird der Öffnungswinkel 74°).

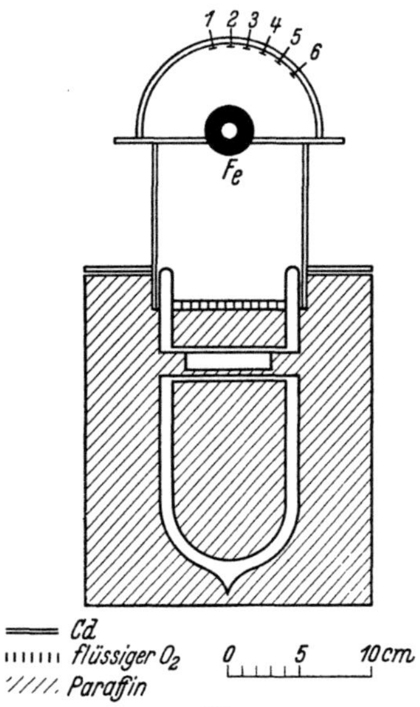

Abb. 1.

Es schien uns, daß man den Vorschlag von ELSASSER am besten durch Prüfung der Abhängigkeit der Winkelverteilung der Streustrahlung von der Temperatur des Paraffins der Quelle langsamer Neutronen prüfen könne.

Abb. 1 zeigt die Versuchsanordnung: Die Neutronenquelle S (1 curie Rn + Be) befindet sich im Innern einer DEWAR-Flasche; sie ist durch DEWARsche Doppelwände vor Abkühlung geschützt. Das DEWAR-Gefäß ist mit Paraffin gefüllt; es befindet sich in einem größeren, gleichfalls mit Paraffin gefüllten Gefäß. Der Neutronenstrahl ist durch zwei Cadmiumblenden begrenzt, er hat einen Öffnungwinkel von ungefähr 27°. Der Diffusor, ein Hohlzylinder aus Eisen, liegt an der zweiten Blende. Eisen wurde gewählt, weil es eine große Gitterkonstante hat und weil sein Querschnitt für die Absorption von Neutronen klein gegen seinen Streuquerschnitt ist. Die Indikatoren, Streifen aus Dysprosiumoxalat ($0{,}5 \times 2$ cm; 190 mg/cm^2), sind in der Cadmiumkammer auf einem Kreisbogen um den Diffusor von 13° zu 13° angeordnet. Dysprosium wurde wegen seines hohen Absorptionsquerschnittes für thermische Neutronen gewählt. Es kann durch Cadmium vollkommen abgeschirmt werden.

[1] In der Arbeit von ELSASSER sind die BRAGGschen Winkel angegeben. Der doppelte BRAGGsche Winkel ergibt die Öffnung des Kegels. In einer privaten Mitteilung schätzt Herr ELSASSER die Winkel etwas niedriger ein, als in seiner Veröffentlichung, er gelangt zu den oben angegebenen Werten. Infolge der Abweichungen vom $1/v$-Gesetz dürften die Winkel bei unseren Messungen nochmals etwas kleiner sein.

Die Periode des durch die Neutronenabsorption erzeugten, künstlich radioaktiven Dysprosium beträgt 2,5 Stunden, die Intensitätsmessungen können also bequem durchgeführt werden. Demgegenüber mußte der Nachteil in Kauf genommen werden, daß der Wirkungsquerschnitt des Dysprosium langsamer als mit $1/v$ abfällt. Das Abschneiden des Spektrums erfolgt dadurch nicht so wirksam; es werden, wenn auch in schwachem Maße, auch schnellere Neutronen, deren Beugungsmaximum innerhalb des Kegels von 40° bzw. 74° liegt, registriert. Dies ist ein Grund dafür, daß unsere Methode nur qualitative Resultate liefert. Für ein quantitatives Resultat ist auch das Auflösungsvermögen der Anordnung viel zu klein. Aus Intensitätsgründen mußte die Öffnung des einfallenden Strahlenbündels sehr groß genommen werden. Der nichtgestreute Teil der Strahlung überdeckt sich daher mehr oder weniger mit dem gestreuten.

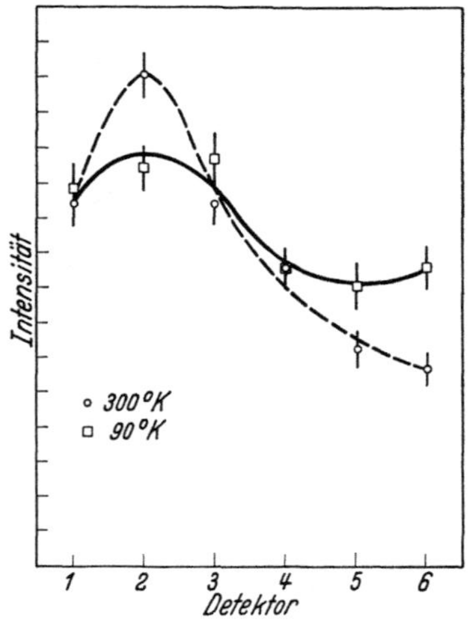

Abb. 2.

Abb. 2 zeigt die gefundenen Verteilungen für Neutronen, die mit Paraffin bei 290 abs. bzw. 90 abs. im thermischen Gleichgewicht sind. Die Primärverteilung, ohne Eisendiffusor, wurde temperaturunabhängig gefunden. Man sieht, daß die langsameren Neutronen, denen also eine längere DE BROGLIE-Welle zuzuschreiben ist, bevorzugt unter größeren Winkeln gestreut werden als die schnelleren Neutronen. Diese Abhängigkeit ist bei kohärenter Streuung von Materiewellen zu erwarten und darf als qualitativer Nachweis der Neutronenbeugung angesehen werden.

Zur Erreichung quantitativer Resultate muß einerseits die Borkammer zur Verwendung gelangen, die ein wirklicher $1/v$-Indikator ist. Andererseits könnten Versuche mit selektiven Indikatoren (Neutronenresonanzniveaus) unternommen werden. Die in Frage kommenden Niveaus liegen aber durchweg bei Energien von 1 bis 5 Volt. Diesen Neutronengeschwindigkeiten entsprechen Wellenlängen, die äußerst kleine Ablenkungen ergeben, daher erfordern entsprechende Versuche ein großes Auflösungsvermögen der Apparate und große Neutronenintensitäten.

Literatur.

1. ELSASSER, W.: C. r. Acad. Sci. Paris **202**, 1029 (1936).
2. DUNNING, J. B. u. a.: Physic. Rev. **48**, 704 (1936).

Energietönung bei der Anlagerung von Neutronen.

Von R. FLEISCHMANN-Heidelberg.

Mit 4 Abbildungen.

Bekanntlich werden langsame Neutronen von vielen Atomkernen leicht eingefangen. Die dabei freiwerdende Bindungsenergie kommt in der γ-Strahlung zum Vorschein.

In einer früheren Arbeit habe ich versucht, die Quantenenergie der γ-Strahlen aus einigen Stoffen aus ihrer Absorbierbarkeit in Aluminium abzuschätzen (*1*). Durch Absorptionsmessungen erhaltene Werte sind bei großen Quantenenergien jedoch nicht mehr zuverlässig. Denn einerseits ändert sich der Absorptionskoeffizient nur langsam mit der Quantenenergie, andererseits sind wegen der kleinen Intensität räumlich ausgedehnte Strahler und Empfänger nicht zu vermeiden und gute geometrische Bedingungen nicht erreichbar, insbesondere wird Streustrahlung mitgemessen.

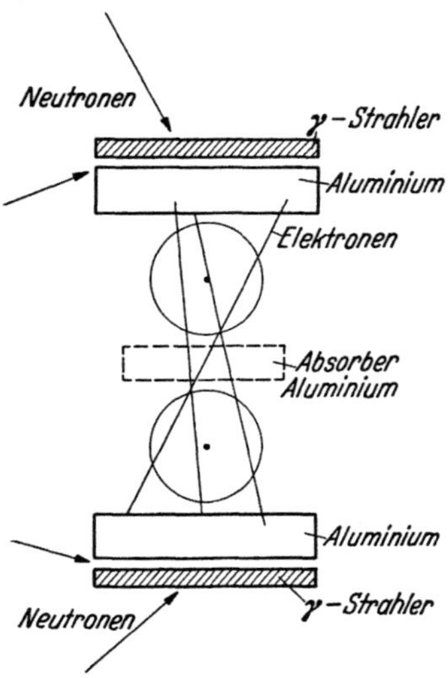

Abb. 1. Versuchsanordnung.

Zuverlässigere Werte erhält man nach der Koinzidenzmethode (*2*). Man geht dabei indirekt vor und bestimmt die Energie der von den γ-Strahlen ausgelösten Rückstoß- und Photoelektronen durch Absorptionsmessung. Die zu untersuchenden Elektronen durchsetzen zwei dünnwandige Zählrohre und erzeugen beim Durchgang durch beide einen Koinzidenzausschlag. Durch Einschieben von Absorbern zwischen die Zählrohre nimmt die Koinzidenzhäufigkeit ab. Man erhält auf diese Weise Kurven, die mit zunehmender Absorberdicke monoton abnehmen. Auf die Energie der Elektronen könnte man aus der Grenzdicke schließen; da die Kurven aber fast asymptotisch auslaufen, ließe sich auf diesem Wege nur eine geringe Meßgenauigkeit erreichen. Es ist daher viel besser, die Halb- und Viertelwertdicken zu bestimmen und durch Vergleich mit Beobachtungen, die mit bekannten γ-Strahlen (RaC, ThC'', Be) erhalten werden, auf die Quantenenergie der auslösenden γ-Strahlen zu schließen. Der Zusammenhang zwischen Quantenenergie und Halbwertdicke ist noch nicht genau bekannt; wahrscheinlich ist er fast genau linear. Man kann daher die Quantenenergie nur als vorläufig betrachten, im Unterschied zu den Halbwertdicken. Abb. 1 und 2 zeigen Versuchsanordnung und Meßergebnis für eine größere Anzahl von Stoffen.

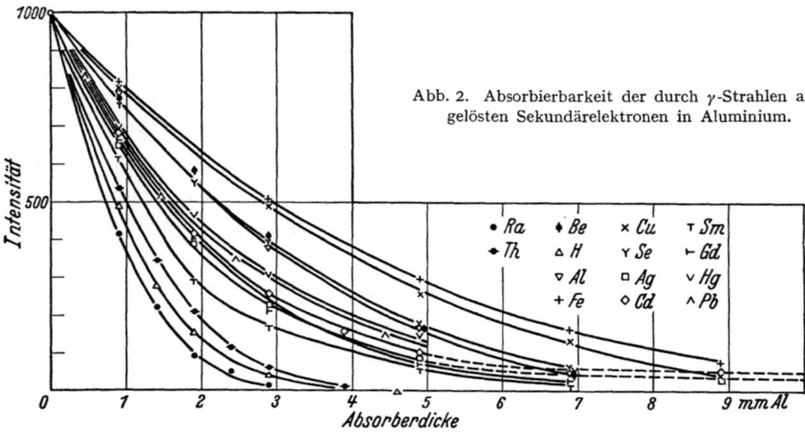

Abb. 2. Absorbierbarkeit der durch γ-Strahlen ausgelösten Sekundärelektronen in Aluminium.

Trägt man die gemessenen Halb- und Viertelwertdicken als Funktion der Ordnungszahl der strahlenden Kerne auf, so ergibt sich eine einheitliche Kurve (Abb. 3). Es besteht danach ein ziemlich eindeutiger Zusammenhang mit der Ordnungszahl oder dem Atomgewicht. Besonders beweisend dafür ist die jeweils gute Übereinstimmung benachbarter Elemente, wie Fe—Cu, Ag—Cd, Pb—Hg. Es ist möglich, daß sich bei Steigerung der Meßgenauigkeit statt einer Kurve ein bandförmiger Bereich ergeben würde, indem etwa gerade oder ungerade Kerne auf benachbarten Kurven liegen würden. Solche Unterschiede werden sich am ehesten bei kleinen Ordnungszahlen geltend machen[1]. Die gemessene Kurve zeigt ein Maximum bei der Ordnungszahl 26 (Fe), dann ein Absinken zu einem flachen Minimum bei den seltenen Erden und einen

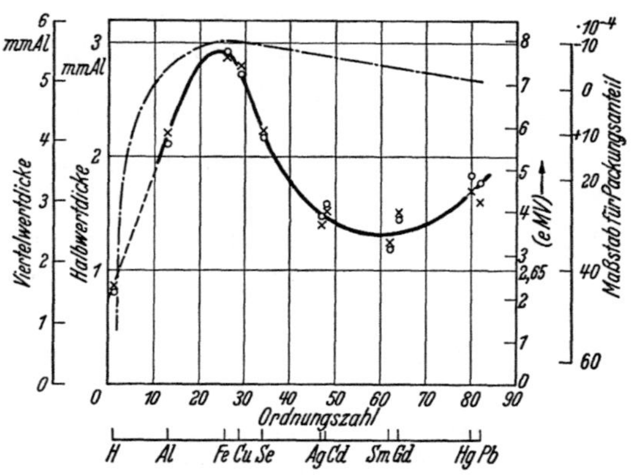

Abb. 3. Halbwertdicke × oder Viertelwertdicke o (= Quantenenergie) in Abhängigkeit von der Ordnungszahl (———) und Packungsanteil (—·—·—) mit umgekehrtem Vorzeichen.

[1] Vgl. den Gang des Massendefekts bei leichten Kernen nach OLIPHANT.

nochmaligen Anstieg. Für die Quantenenergie (rechter Maßstab) ist vorläufig angenommen, daß Proportionalität mit der Halbwertdicke besteht.

Da in der Strahlung die Bindungsenergie des angelagerten Neutrons zum Vorschein kommt, kann man einen Vergleich mit einer verwandten Größe, nämlich dem sog. Packungsanteil, anstellen, d. h. mit der Bindungsenergie eines Kerns pro Teilchen (Proton, Neutron) (*3*). Der Packungsanteil steigt mit zunehmender Ordnungszahl schnell an und erreicht ein Maximum ebenfalls in der Gegend von 26 (Fe) und fällt dann ganz langsam monoton ab. Der Anstieg bis zum Maximum ist der obigen Kurve ähnlich, Minimum und Wiederanstieg fehlen jedoch. Für die Deutung der experimentellen Kurve ist vor allem wichtig, ob die ausgesandte γ-Strahlung aus einer einzigen Linie besteht oder ob sie ein Spektrum darstellt (Kaskadensprünge). Es ist wahrscheinlich, daß mindestens im Gebiet des Minimums gleichzeitig mehrere Quanten ausgesandt werden. Nach den massenspektroskopischen Daten beträgt der Massenunterschied benachbarter Isotope stets ziemlich genau 1,000. Da die Masse des Neutrons 1,009 beträgt, hat man bei der Anlagerung mit einer Bindungsenergie von rund 10 eMV zu rechnen. Die gemessenen Quantenenergien im Gebiet des Minimums betragen dagegen nur etwa 4 eMV, sie sind daher wahrscheinlich nur mittlere Quantenenergien. Der nach der Koinzidenzmethode gefundene Wert von 2,3 eMV für die Strahlung von Wasserstoff stimmt jetzt gut zur Bindungsenergie des Deuterons, wenn man sie aus dem Umkehrprozeß, der Zertrümmerung des Deuterons durch γ-Strahlen, ableitet.

Kikuchi, Husimi und Aoki (*4*) haben kürzlich ähnliche Versuche ausgeführt. Sie glauben den Endpunkt der Absorptionskurve für Elektronen genügend genau bestimmen zu können und leiten daraus die Quantenenergien ab. Im Großen ist der Verlauf bei ihnen ähnlich wie bei der obigen Kurve, nur streuen die Werte erheblich. Für die Halbwertdicken finden sie noch stärker streuende Werte. Offenbar reicht die Meßgenauigkeit nicht aus, um die jetzt gefundene Regelmäßigkeit in Erscheinung treten zu lassen. Das mag mit dem Umstand zusammenhängen, daß bei ihren Versuchen die Neutronen mit Hilfe eines Gasentladungsrohres erzeugt wurden, dessen Intensität während der Versuchsreihen erheblich schwankte.

Die Existenz einer regelmäßigen Abhängigkeit der mittleren Quantenenergie von der Ordnungszahl ist nach diesen Beobachtungen wohl nicht mehr zu bezweifeln.

Zusatz bei der Korrektur: Aus Abb. 3 ist zu ersehen, daß der Gang der gemessenen Quantenenergie bei größeren Ordnungszahlen nicht dem Verlauf des Packungsanteils entspricht. Durch jüngst ausgeführte Versuche konnte noch gezeigt werden, daß bei Cd und Ag im Gebiet des Minimums der Quantenenergie mindestens zwei γ-Quanten gleichzeitig ausgesandt werden.

BOHR (6) hat vor einiger Zeit eine Theorie über die Wechselwirkung eines stoßenden Teilchens mit dem Kern aufgestellt. Er kommt dabei zu dem Schluß, daß der Kern außer bei ganz leichten Elementen als ein Gebilde aus vielen leicht beweglichen Bestandteilen anzusehen ist. Da beim Stoß gleichzeitig viele Elementarteilchen des Kerns angeregt werden können, besitzt ein solcher Kern sehr viele Energieterme.

Es besteht nun die Möglichkeit, auf Grund experimenteller Erfahrung eine Aussage zu machen, wie dicht die Terme durchschnittlich im Kern gelagert sind (5). Man verwendet dazu die Wirkungsquerschnitte für das Einfangen langsamer Neutronen nach DUNNING, PEGRAM, FINK und MITCHELL (7). Ein großer Wirkungsquerschnitt tritt stets dann auf, wenn die Energie des ankommenden langsamen Neutrons einem Kernniveau entspricht. (Resonanz!) Je dichter die Niveaus gelagert sind, desto größer ist die Wahrscheinlichkeit, daß das Atom einen großen Wirkungsquerschnitt besitzt. *Besonders* große Wirkungsquerschnitte treten auf, wenn eines der Niveaus bei sehr kleiner Neutronenenergie liegt (Verweildauer in Kernnähe proportional $1/v$). Unter diesen Umständen ist das arithmetische Mittel der Wirkungsquerschnitte von Elementen, die im periodischen System benachbart sind, ein ungefähres Maß für den durchschnittlichen Abstand der Kernniveaus. In Abb. 4 sind die Mittelwerte von je 10 Elementen in logarithmischem Maß aufgetragen; sie zeigen einen gesetzmäßigen Gang mit einem Maximum bei der Ordnungszahl 60.

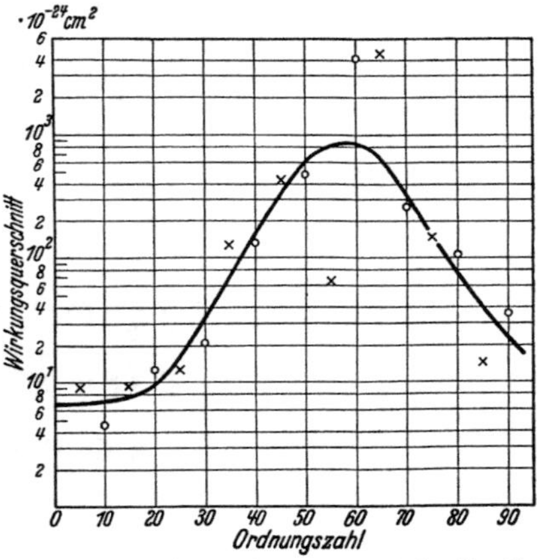

Abb. 4. Mittlerer Wirkungsquerschnitt für die Anlagerung langsamer Neutronen. Große Werte entsprechen kleinen Abständen der Kernniveaus und umgekehrt.

Ein Vergleich mit Abb. 3 zeigt, daß der Anstieg des Wirkungsquerschnitts mit dem Absinken der Quantenenergie und das Maximum des Wirkungsquerschnitts mit dem Minimum der Quantenenergie zusammenfällt. Danach wird der allgemeine Verlauf der Quantenenergie sofort verständlich (5). Enge Lage der Energieniveaus hat einerseits große Wirkungsquerschnitte zur Folge, andererseits das Auftreten von Kaskadensprüngen und damit kleine mittlere Quantenenergie. Beide Erscheinungen werden daher parallel gehen. Bei den Wirkungsquerschnitten zeigen nur die Mittelwerte einen regelmäßigen Gang, weil es auf die spezielle Lage der Niveaus gegenüber Null ankommt, bei den Quantenenergien entfällt diese einschränkende Bedingung. Das Absinken der Wirkungsquerschnitte und das Wiederansteigen der Quantenenergie bei hohen Ordnungszahlen ist aus der BOHRschen Theorie nicht ohne weiteres verständlich, obwohl beide Erscheinungen miteinander in Einklang stehen.

Literatur.

1. FLEISCHMANN, R.: Z. Physik **97**, 242, 265 (1935).
2. BOTHE, W., u. W. KOLHÖRSTER: Naturwiss. **16**, 1045 (1928) — Z. Physik **56**, 751 (1929).
3. FLEISCHMANN, R.: Naturwiss. **24**, 77 (1936).
4. KIKUCHI, S., K. HUSIMI u. H. AOKI: Nature (Lond.) **137**, 992 (1936).
5. FLEISCHMANN, R.: Z. Physik **103** (im Druck).
6. BOHR, N.: Nature (Lond.) **137**, 344 (1936); Naturwiss. **24**, 241 (1936).
7. DUNNING, J. R., G. B. PEGRAM, G. A. FINK u. D. P. MITCHELL: Physic. Rev. **48**, 265 (1935).

Energie und Intensität der Po + Be-Neutronen.

Von **G. BERNARDINI**-Florenz.

Mit 3 Abbildungen.

Es werden nachstehend Experimente beschrieben, in denen unter Mitwirkung von D. BOCCIARELLI versucht wird, das Problem der Energieverteilung der Po + Be-Neutronen vollkommen zu lösen.

Die Versuchsanordnung bestand aus zwei Multiplikationszählern in Koinzidenzschaltung, die wegen ihrer großen Empfindlichkeit und ihres geringen Nulleffektes sehr geeignet ist zur Untersuchung von Prozessen, bei denen sich direkt oder indirekt schnelle Protonen bilden (*1*). Der Versuch besteht darin, daß Protonen durch die zu untersuchenden Neutronen in einer Paraffinschicht von 150 mm Luftäquivalent ausgelöst werden und mit zwei Multiplikationszählern, zwischen denen sich Aluminiumfolie als Absorptionsmaterial befindet, nachgewiesen werden. Abb. 1 gibt die geometrische Anordnung: C_1 und C_2 sind die Zähler im Querschnitt, AB die Aluminiumfolie, S die Neutronenquelle, MN die Paraffinschicht. Der erste der Zähler hatte einen wirksamen Querschnitt von $1{,}8 \times 3$ cm, der andere, der die Öffnung des Projektionskegels der Protonen begrenzte,

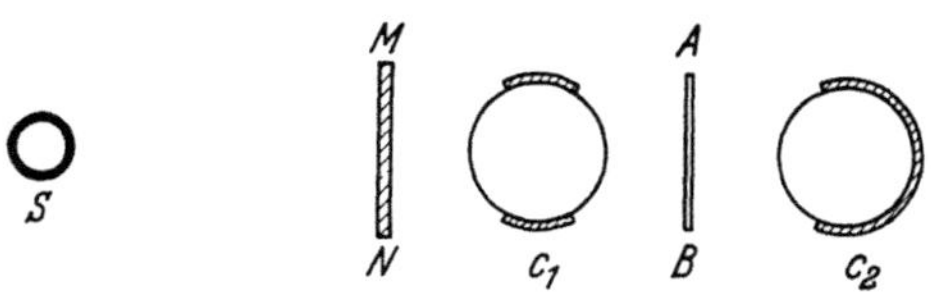

Abb. 1.

1,8 × 2 cm. Die Wände der Zähler bestanden aus dünner Aluminiumfolie (7 μ in einer ersten, 10 μ in der zweiten Versuchsreihe), getragen durch leichte Stützrahmen aus Messing.

Im Innern herrschte atmosphärischer Druck, der Zähldraht war aus Pt oder W, die Spannung 4200 Volt. Die Messungen wurden in zwei völlig unabhängigen Versuchsreihen durchgeführt, indem sowohl verschiedene Zähler als auch verschiedene Koinzidenzapparaturen verwendet wurden. Nur die geometrischen Verhältnisse blieben konstant.

Die Resultate der beiden Versuchsreihen finden sich in nachstehender Tabelle zusammengefaßt.

Tabelle.

Dicke Al-Schirme in $^1/_{10}$ mm	I. Reihe cm Luftäquiv.	I. Reihe Koinz. pro Min.	I. Reihe Mittlere Fehler	II. Reihe cm Luftäquiv.	II. Reihe Zeit in Min.	II. Reihe Koinz. total Zahl	II. Reihe Koinz. pro Min.	II. Reihe Mittlere Fehler
0	8,12	1,5	0,07	9,4	415	745	1,8	0,065
0,25				13,1	247	340	1,38	0,07
0,50	15,52	0,9	0,05	16,8	463	501	1,1	0,05
0,75				20,5	524	403	0,77	0,04
1,00	22,92	0,51	0,03	24,2	641	363	0,57	0,03
1,25				27,9	735	344	0,47	0,025
1,50	30,32	0,42	0,025	31,6	744	328	0,44	0,025
1,75				35,3	1104	389	0,35	0,018
2,00	37,72	0,24	0,018	39,0	1028	260	0,25	0,016
2,25				42,7	1138	201	0,177	0,013
2,50	45,12	0,15	0,015	46,4	2135	301	0,141	0,01
2,75				50,1	1946	207	0,107	0,007
3,00	52,52	0,07	0,008	53,8	2015	162	0,80	0,007
3,25				57,5	909	65	0,072	0,009
3,50	59,92	0,046	0,008	61,2	2162	104	0,048	0,005
3,75				64,9	1772	56	0,032	0,004
4,00	67,32	0,036	0,005	68,6	3336	100	0,030	0,003
4,25				72,5	1442	18	0,012	—
4,50	74,72	0,012	—	76,0	2544	33	0,013	0,002
5,00	82,12	0,009	—	83,4	2444	15	0,006	—
6,00	97,12	0,008	—	98,2	1617	14	0,005	—

Um einen Vergleich der beiden Meßreihen zu ermöglichen, wurden die Resultate derselben in geeignetem Maßstab in Abb. 2 samt ihren mittleren Fehlern dargestellt.

Man sieht, daß die Meßpunkte beider Versuche gut übereinstimmen, obwohl Präparate, Zähler und Registrierapparatur ausgewechselt worden waren.

Aus diesen Messungen geht hervor, daß zwei Neutronengruppen vorhanden sind: eine mit einer Energie von etwa 4,2 MeV, während die andere eine Energie von etwa 7,8 MeV besitzt. Dieses Resultat ist in bestem Einklang mit früheren Messungen als auch mit den Angaben anderer Autoren (*2*). Es scheint, daß noch eine dritte Neutronengruppe vorhanden ist, die eine Energie von etwa maximal 6,3 MeV hat, wie man aus dem Kurvenverlauf zwischen 20 und 50 cm Luftäquivalent sehen kann. Diese Tatsache wird deutlicher, wenn man versucht, an Hand einer einfachen Rechnung die experimentelle Kurve zu analysieren.

Die zugrunde gelegten Annahmen sind folgende:

a) Es besteht eine deutliche Ähnlichkeit zwischen der von CHADWICK (*3*) mit dem Proportionalverstärker unter Abzählung der sekundären Protonen bestimmten differentiellen Anregungsfunktion der Be-

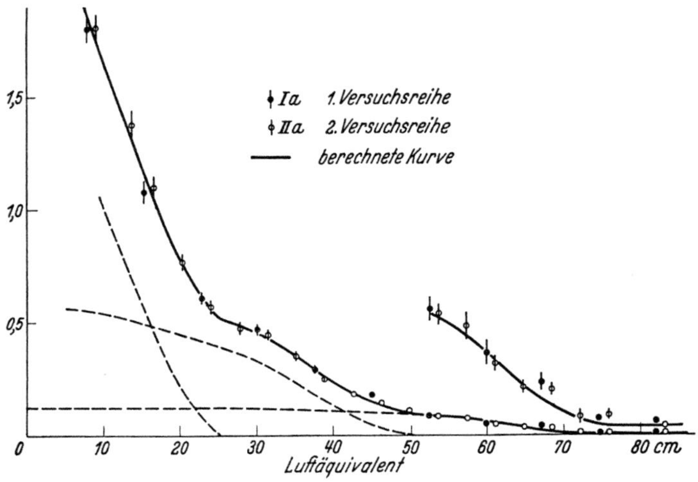

Abb. 2.

Zertrümmerung in Abhängigkeit von der α-Teilchengeschwindigkeit einerseits, und der von mir (*4*) mit Hilfe einer Druckionisationskammer (CH_4 17 at) beobachteten totalen Ionisation. Daher kann man annehmen, daß der Verlauf der Anregungsfunktion für die verschiedenen Gruppen ähnlich ist.

Diese Ansicht scheint durch die neuen Überlegungen BOHRS über den Aufbau der Kerne gestützt zu werden. Denn nach BOHR müssen ja das Eindringen einer Partikel in den Potentialberg und die nachfolgende Neutronenemission als voneinander ziemlich unabhängige Prozesse aufgefaßt werden (*5*).

b) Der Wirkungsquerschnitt σ für den Stoß Neutron-Proton, der für die Umrechnung der experimentellen Werte auf wirkliche Neutronenzahlen notwendig bekannt sein muß, wurde der Arbeit von H. A. BETHE und R. F. PEIERLS (*6*) entnommen. Es ist aber wichtig, daß der exakte Verlauf von σ in Abhängigkeit der Neutronenenergie das Resultat sehr wenig beeinflußt.

In Abb. 2 sind die experimentellen Punkte zusammen mit der berechneten Kurve aufgetragen. Die letztere wurde erhalten unter der Annahme, daß drei Protonengruppen vorliegen, deren Reichweiten 25, 51 und 77 cm sind und die nach den Angaben von DUNCANSON und BLACKETT (*7*) Energien von 4,15; 6,2 und 7,8 MeV besitzen. Der letzte Teil der Kurve wurde vergrößert abgebildet. Die Übereinstimmung zwischen der berechneten Kurve und den Meßwerten ist so gut, daß man der angegebenen Energieverteilung völliges Vertrauen entgegenbringen kann. Als Endergebnis in Beziehung auf vorhergehende Messungen (*2*) können wir zusammenfassen, daß eine Po + Be-Neutronenquelle zwischen 2 und 8 MeV drei Neutronengruppen besitzt, deren maximale Energien $4{,}2 \pm 0{,}1$; $6{,}3 \pm 0{,}1$ und $7{,}9 \pm 0{,}2$ MeV sind und die die relativen Intensitäten 1 : 3,5 : 10 haben.

Zur Kontrolle, ob auch wirklich alle Protonen, die in die Zähler gelangen, gezählt werden, haben wir noch eine neue Versuchsreihe ausgeführt, indem wir etwa 200 Volt über die normale Spannung für Proportionalzähler hinaus gingen und damit nur etwa 50 Volt unter dem für die Elektronenzählung notwendigen Potential blieben. Wir haben dabei folgende Koinzidenzenzahlen pro Minute in Abhängigkeit von der Schichtdicke erhalten, die eine der vorher betrachteten sehr ähnliche Kurve ergibt.

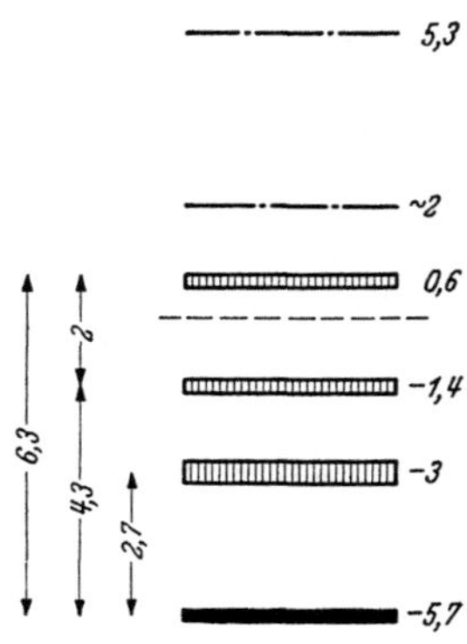

Abb. 3.

Dicke der Al-Folie in mm	0	0,75	1	1,25	1,5	1,75	2
Koinzidenzen pro Minute	1,67 ± 0,12	0,99 ± 0,07	0,77 ± 0,06	0,50 ± 0,04	0,48 ± 0,04	0,35 ± 0,03	0,33 ± 0,02

Dicke der Al-Folie in mm	2,5	3	3,5	4	4,5	5	6
Koinzidenzen pro Minute	0,13 ± 0,01	0,07 ± 0,01	0,05 ± 0,01	0,03 —	0,025 —	0,01 —	0,007 —

Was endlich die Neutronengruppe angeht, die die totale Energie der Bildungsreaktion

$$^{9}_{4}\mathrm{Be} + ^{4}_{2}\mathrm{He} \rightarrow ^{12}_{6}\mathrm{C} + ^{1}_{0}n + \gamma \tag{1}$$

besitzt, können wir nur auf vorläufige Resultate hinweisen. In einem separaten Versuche unter gleichen Versuchsbedingungen wie die zuletzt erwähnten Experimente, jedoch mit 2,5 mm Paraffin als Protonenquelle, haben wir eine Protonengruppe von sehr kleiner Intensität mit einer Energie zwischen 10,5 und 11 MeV beobachtet.

Auf Grund der vorliegenden Beobachtungen ist es möglich, ein Thermschema des $^{12}_{6}$C-Kernes anzugeben (Abb. 3). Die schraffierten

Zonen geben die ungefähre Lage der Niveau an, die danebenstehenden Ziffern ihre Energie. Die beiden gestrichelten Linien begrenzen den Raum, indem es für die stoßenden α-Teilchen energetisch noch möglich ist, Be zu zertrümmern. In Übereinstimmung mit den neuen Massen ist angenommen, daß die schnellste Neutronengruppe von 11 MeV beim direkten Übergang des ${}^{12}_{6}C$ in den Grundzustand auftritt.

Es soll noch darauf hingewiesen werden, daß die angegebenen Energiezustände den von Prof. W. BOTHE auf Grund seiner schönen Messungen über das Spektrum der Reaktion (*1*) angegebenen nicht widersprechen (*8*). (Schema BOTHE links in Abb. 3.)

Literatur.

1. BERNARDINI, G., u. D. BOCCIARELLI: Atti Accad. naz. Lincei, Rend. **23**, 265 (1936).
2. CURIE, I., et F. JOLIOT: J. Physique (serie 7.) **4**, 21 (1933). — CHADWICK, J.: Proc. roy. Soc. Lond. **142**, 1 (1933). — FEATHER, N.: Proc. roy. Soc. Lond. **142**, 689 (1933). — WINAND, L.: J. Physique (serie 7.) **5**, 597 (1934). — DUNNING, J. R.: Physic. Rev. **45**, 586 (1934).
3. CHADWICK, J.: Proc. roy. Soc. Lond. **142**, 1 (1933).
4. BERNARDINI, G.: Z. Physik **85**, 555 (1933).
5. BOHR, N.: Nature (Lond.) **137**, 344 (1936).
6. BETHE, H. A., and R. PEIERLS: Proc. roy. Soc. Lond. **149**, 176 (1935).
7. DUNCANSON, W.: Proc. Cambridge philos. Soc. **30**, 102 (1934).
8. BOTHE, W.: Z. Physik **100**, 273 (1936).

The conservation of mass-energy and momentum in the transformation of the light elements.

By **M. L. E. OLIPHANT**-Cambridge.

With 1 figure.

Recent advances in our knowledge of the masses of the light elements, primarily due to ASTON (*1*) and to BAINBRIDGE (*2*), make a discussion of the details of the conservation of energy in atomic transformations of these elements of some interest and importance.

Consider the case where a particle of mass M_1 collides with a nucleus of mass M and produces an atomic transformation, the products of which have masses M_2 and M_3. Conservation of mass-energy gives

$$M_1 + M + E_1 = M_2 + M_3 + E_2 + E_3,$$

while conservation of momenta gives

$$M_1V_1 = M_2V_2 \cos\theta_2 + M_3V_3 \cos\theta_3,$$

and

$$M_2V_2 \sin\theta_2 = M_3V_3 \sin\theta_3,$$

where θ_2 and θ_3 are the angles between the directions of the momentum vector of M_1 and the momentum vectors of M_2 and M_3 respectively. Hence if the masses and the bombarding energy are known exactly it is possible to calculate the energies of the transformation products in any given direction. In practice a target of the material M is bombarded with a beam of ions, the energy E_1 of which is indeterminate if the target is of finite thickness, for then it is impossible to determine exactly how much material had been traversed before a transmutation took place. However, for low bombarding energies, the probability of producing a transformation increases so rapidly with the energy, that this penetration of the target merely produces a slightly increased "straggling" of the range of the particles observed in any direction. In almost all cases where the energy (i.e. the range) of the emitted particles has been determined with accuracy, it has been observed in a direction at right angles with the bombarding beam, so that we will consider this particular case. If we neglect the actual process of transformation, and confine our attention to the final products, it can be shown that conservation of energy and momenta leads to

$$E_3 = \left[E + E_1\left(1 - \frac{M_1}{M_2}\right)\right] \Big/ 1 + \frac{M_3}{M_2} \tag{1}$$

where E is the energy released in the transformation ($E = M_1 + M - M_2 - M_3$). Thus if we measure the energy E_3, i.e. the range of the particles under observation, this should increase in a perfectly definite manner with the bombarding energy, a result which is confirmed with considerable accuracy by careful observation. Consider now the simple case of the transmutation

$$^{7}_{3}\mathrm{Li} + {}^{1}_{1}\mathrm{H} \rightarrow {}^{4}_{2}\mathrm{He} + {}^{4}_{2}\mathrm{He} + E_a, \tag{a}$$

where the formula (1) shows that the particle observed at right angles with the proton-beam carries $\frac{3}{8}$ of the bombarding energy E_1. The range of a narrow beam of the α-particles was compared directly with the known range of the α-particles emitted by the radioactive deposit of thorium, the difference in range being measured in dry air (*14*). The extrapolated range actually observed at $E_1 = 200$ kv is 8.40 ± 0.03 cm, and when the above correction is made for bombarding energy, the energy of the observed particles, for zero bombarding energy, comes out to be $8.53 \pm 0{,}03$ MV. The total energy released, E, is thus 17.06 ± 0.06 MV. Similarly it is observed

$$^{6}_{3}\mathrm{Li} + {}^{2}_{1}\mathrm{D} \rightarrow 2\,{}^{4}_{2}\mathrm{He} + E_b \quad (E_b = 22.06 \pm 0.07\ \mathrm{MV}) \tag{b}$$

$$^{6}_{3}\mathrm{Li} + {}^{2}_{1}\mathrm{D} \rightarrow {}^{7}_{3}\mathrm{Li} + {}^{1}_{1}\mathrm{H} + E_c \quad (E_c = 5.00 \pm 0.05\ \mathrm{MV})\,. \tag{c}$$

Combinations of (a) (b) and (c) leads to

$$E_b - E_a = E_c,$$

an identity which is very exactly established experimentally. In this way it is possible to show, without any knowledge of the actual masses of the reacting particles, that for reactions in which heavy particles alone are concerned, the law of conservation of energy is very well obeyed.

It is unfortunate that accurate mass-spectrographic observations of the masses of all the light elements up to oxygen have not yet been made except in the cases given below, and determined by ASTON (*1*).

^{1}H	1.0081 ± 0.00004	^{10}B	10.0161 ± 0.0003
^{2}D	2.0147 ± 0.00007	^{12}C	12.0035 ± 0.0005
^{4}He	4.0039 ± 0.00016	^{14}N	14.0073 ± 0.0005

O = 16.0000

There are therefore comparatively few cases in which it is possible to insert the masses and hence test the conservation of energy directly in any particular reaction. However, since ^{1}H and ^{2}D are used as projectiles, and ^{1}H, ^{2}D and ^{4}He are common products of the transformations, it is always possible to calculate the masses of the other nuclei concerned. For instance, in the above reactions we can easily calculate the masses of ^{6}Li and ^{7}Li from the masses of ^{1}H, ^{2}D and ^{4}He. Actually there is sufficient data available for us to calculate the masses of all the elements up to ^{16}O without using mass-spectrographic data at all, as has been done by BETHE (*3*) and by COCKCROFT and LEWIS[1] (*8*). The difficulty here is that the absolute values of the masses depend very much on one or two rather weak links in the chain of reactions involved. In the following table we compare the mass-spectrographic and transformation values, with the masses calculated by COCKCROFT and LEWIS.

Aston + Transformation	Transformation alone (COCKCROFT and LEWIS)	Aston + Transformation	Transformation alone (COCKCROFT and LEWIS)
^{1}n = 1.0090	1,0087	^{10}B = 10.0161*	10.0161
^{1}H = 1.0081*	1.0082	^{11}B = 11.0128	11.0126
^{2}D = 2.0147*	2.0144(5)	^{12}C = 12.0036*	12.0040
^{3}T = 3.0171	—	^{13}C = 13.0073	13.0075
^{3}He = 3.0171	—	^{14}N = 14.0073*	14.0075
^{4}He = 4.0039*	4.0037(7)	^{15}N = 15.0048	15.0046
^{6}Li = 6.0167	6.0168	^{16}O = 16.0000	16.0000
^{7}Li = 7.0180	7.0176	^{17}O = 17.0046	—
^{8}Be = 8.0078	—	^{19}F = 19.0045*	—
^{9}Be = 9.0149	9.0146	^{20}Ne = 19.9986*	—
^{10}Be = 10.0164	—		

* ASTON.

[1] COCKCROFT and LEWIS used the doublet separation D_2 — He (BAINBRIDGE).

Values marked * are given by ASTON. It is seen that the two sets of data are in good agreement, but that differences exist, especially in the cases of the neutron and deuterium, which seem to be outside the limits of error in the experiments. BAINBRIDGE (*2*) has given values for the separation of some of the doublets used by ASTON. His value for the separation of the $^2D - {}^1H_2$ doublet is in exact accord with that given by ASTON, as is the $^2D_2 - {}^4He$ difference, but his values for the $^{12}C^1H_4 - {}^{16}O$ and $^{12}C^1H_2 - {}^{14}N$ doublets are in better agreement with the mass-values of COCKCROFT and LEWIS than they are with ASTON. Unfortunately BAINBRIDGE has not yet given a value for a doublet such as $^{12}C - {}^2D_3$ which would enable the absolute masses of ^1H, ^2D and ^4He to be calculated from his data.

Mass of neutron. The exact concordance of the two observations of the $^2D - {}^1H_2$ doublet separation, gives confidence to the high value of the neutron mass given in the first column of this table. This is obtained from the data for the photo-disintegration of deuterium (*18*):

$$ {}^2_1D + h\nu \rightarrow {}^1_1H + {}^1_0n + E_d \qquad \text{(d)}$$

using the γ-ray from ThC′ of energy 2.65 MV. FEATHER and BRETSCHER (*10*) have found that the energy E_d is 0.36 ± 0.01 MV. Thus:

$$\begin{aligned}({}^1_0n - {}^1_1H) &= ({}^2_1D - {}^1_1H_2) + (h\nu - E_d)\\ &= -(0.00153 \pm 0.00004) + (0.00245 \pm 0.00002)\\ &= 0.00092 \pm 0.00005,\end{aligned}$$

which is independent of the absolute values of the masses of ^1n and ^1H. It is unfortunate that it is not yet possible to determine neutron energies with any great precision, so that the value of the neutron mass calculated from observation of reactions in which neutrons are emitted is not so reliable as could be desired. For instance the reactions (*14*)

$$\left\{\begin{array}{lll} {}^7_3Li + {}^1_1H \rightarrow 2\,{}^4_2He + E_a & (E_a = 17.06 \pm 0.06\ \text{MV}) & \text{(a)}\\ {}^7_3Li + {}^2_1D \rightarrow 2\,{}^4_2He + {}^1_0n + E_e & (E_e = 14.8 \pm 0.2\ \text{MV}) & \text{(e)}\end{array}\right.$$

give $\quad {}^2_1D = {}^1_1H + {}^1_0n - (E_a - E_e)$,

i.e. the binding energy of the deuteron is 2.26 ± 0.2 MV, in very good agreement with the photo-disintegration experiments, but with rather a large probable error. The mass of the neutron deduced from the reactions (*13*)

$$ {}^2_1D + {}^2_1D \rightarrow {}^3_2He + {}^1_0n + E_f \qquad \text{(f)}$$

$$ {}^6_3Li + {}^1_1H \rightarrow {}^3_2He + {}^4_2He + E_g \qquad (E_g = 3.6 \pm 0.2\ \text{MV}) \qquad \text{(g)}$$

is 1.0080 ± 0.0004 if the value of E_f given by DEE and GILBERT (*9*) is used, while it is 1.0090 if we use the value given by BONNER and

Brubaker (*6*). If we consider the reaction:

$$^{10}_{5}\mathrm{B} + ^{1}_{0}n \rightarrow ^{7}_{3}\mathrm{Li} + ^{4}_{2}\mathrm{He} + E_h \qquad \text{(h)}$$

we find that the most probable value for E_h is 2.5 ± 0.2 MV (*17*), and substituting the masses of the other reacting particles as given by Aston and by Cockcroft and Lewis, the mass of the neutron comes out to be 1.0085 ± 0.0004 and 1.0079 ± 0.0003 respectively. Other nuclear transformations lead to the same difficulty that the masses deduced are not consistent.

We must conclude that the best value which can be given for the mass of the neutron is that obtained from the doublet separation $^{2}_{1}\mathrm{D} - {}^{1}\mathrm{H}_2$ together with the photo-disintegration data, namely 1.0090. The difficulty then arises that the neutron should be unstable, and should transform itself into a proton with emission of an electron of maximum energy about 900,000 volts.

Variation of mass with mass-number. If we plot deviation of the mass of a nucleus (ΔM) from a whole number (mass-number M) against the mass-number, a graph is obtained of the following form (fig. 1):

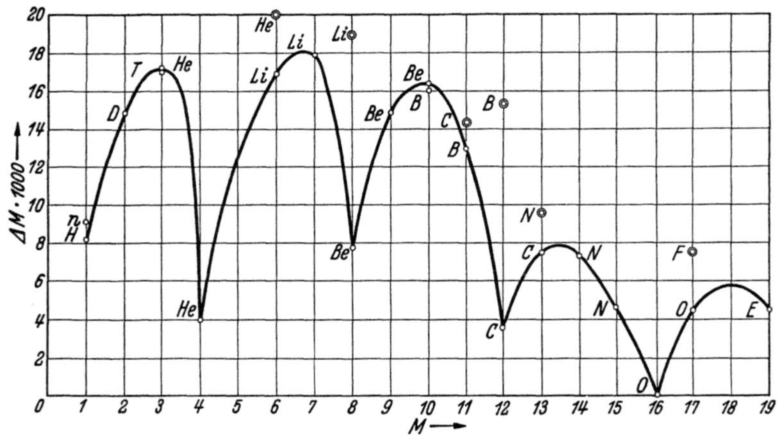

Fig. 1. Points surrounded by circles represent the unstable radioactive elements of short life.

It is seen that the resultant curve is smooth for all but the unstable radioactive isotopes, and that it indicates an increased stability of the nuclei each time the complete constituents of an α-particle — two protons and two neutrons — have been added. It is difficult to avoid the conclusion that α-particles are actually present as constituents of the nuclei of light elements, or at least that there is a tendency for the protons and neutrons to arrange themselves, though probably not permanently, in groups containing the four elementary particles which make a helium nucleus. Pollard (*16*) has calculated the masses of some nuclei heavier than ^{20}Ne, from the observed ranges of protons emitted under α-particle bombardment, and has extended this curve as far as mass-number 40.

Mass-number 5. It is apparent that the only mass-number which is missing in the early part of the periodic table is 5. General considerations would lead one to expect that if a stable element of mass-number 5 does exist, it should be ^{5}He or ^{5}Li, and more probably the former. In view of the appearance of practically every nucleus as the product of one or more transformations which can be induced by bombardment with protons, deuterons or neutrons, we should expect the mass-number 5 to be produced under suitable conditions. If we assume that a stable element of mass 5 would lie on the smooth curve which we have drawn through the known masses, we can make an estimate that its mass will be about 5.0120 ± 0.0005, and hence we are able to estimate approximately with what energy it would escape in various hypothetical transformations. It might be expected to be produced in the reaction:

$$^{7}_{3}\mathrm{Li} + ^{2}_{1}\mathrm{D} \rightarrow ^{5}_{2}\mathrm{He} + ^{4}_{2}\mathrm{He} + E_i \tag{i}$$

which would take place together with the transformation:

$$^{7}_{3}\mathrm{Li} + ^{2}_{1}\mathrm{D} \rightarrow 2\,^{4}_{2}\mathrm{He} + ^{1}_{0}n + E_e. \tag{e}$$

Insertion of the suggested mass for ^{5}He in the first of these reactions shows that the energy released should be somewhat greater than in the second reaction, and in fact that the two α-particle ranges should be observed at approximately 5.2 cm for the ^{5}He and 8.4 cm for the ^{4}He. This latter range lies outside the continuous group of α-particles produced in the second three-body reaction, which ends at 7.8 cm. If ^{5}He is a stable atomic species and is produced by bombarding ^{7}Li with deuterons, then the range of the ^{4}He particle which escapes opposite it will always lie beyond the maximum range of the α-particles produced in the second and principal reaction. On the other hand, if the ^{5}He produced is unstable, the mass may be greater than the sum of the masses of a neutron and an α-particle, and in that case the two α-particle ranges will lie in the continuous α-particle spectrum of the alternative reaction. Careful search, with targets of normal lithium and with the separated isotopes, has failed to give definite evidence of the existence of any homogeneous group of α-particles between 3.0 and 13.0 cms (*12*). We must infer then, that if ^{5}He exists it is not produced in appreciable quantity in this particular reaction.

There are several other possibilities. For instance we might expect the following reaction to occur:

$$^{9}_{4}\mathrm{Be} + ^{1}_{0}n \rightarrow ^{5}_{2}\mathrm{He} + ^{5}_{2}\mathrm{He} + E_j. \tag{j}$$

Careful investigation has failed to give any evidence for the emission of heavy particles from beryllium when bombarded by neutrons, whether the latter are 'slow' or 'fast', so that if the above transformation does occur to any appreciable extent, the energy E_j must be relatively small. On the other hand BJERGE (*4*) has found that beryllium, when bombarded with fast neutrons from a mixture of radon and beryllium, shows an induced β-particle activity which decays with a period of one second. We have confirmed this observation, and have found that the reaction takes place strongly with the neutrons of about 2 MV energy produced by bombarding deuterium with deuterons. Recently, BJERGE (*5*) has been able to show that the radioactive product is gaseous and is probably an isotope of helium, while expansion chamber photographs of the β-ray tracks in a magnetic field have shown that the upper energy limit of the spectrum is at 3.7 ± 0.5 MV. If the activity is due to ^{5}He it must transform into ^{5}Li, and if this element is then stable it is probable, as we have seen, that the mass is approximately 5.0120. This would make the mass of the radioactive $^5\text{He} = 5.0160$ approximately, which makes it impossible that it could be formed through the reaction suggested above. The only assumption which will fit with energy and mass considerations is one which suggests that the active body in this case is ^{6}He.

We have examined with care all the reactions with the light elements which might possibly give rise to He or Li of mass 5, but without finding any evidence whatever for the appearance of such an element.

BREWER (*7*) has reported the existence of ^{5}Li in small quantities in the mass-spectrum of normal lithium. A preliminary investigation in Cambridge has not confirmed this possibility, but further work is in progress in an attempt to find an element of mass-number 5.

The angular distribution of transformation products. The angular distribution of the particles emitted in nuclear transformations due to bombardment by heavy particles, yields indirect evidence of the nature of the intermediate states of the system. The laws of conservation of energy and momentum, together with the Gamow picture of the penetration of the potential barrier of the struck nucleus by the bombarding particle and the subsequent escaping particles, lead to an angular distribution of transformation particles which is symmetrical in a system with the centre of gravity at rest. Similarly we find that the assumption that penetration of the potential barrier by the bombarding particle is followed by the formation of a highly excited intermediate complex which breaks up after an interval of time, must also lead to a symmetrical distribution of the products. On the other hand, if capture of the bombarding particle is not necessarily due to simple penetration of the potential barrier, but is due to interaction between the bombarding particle and the nucleus at appreciable distances, so that the impinging particle possesses angular momentum about the centre of gravity of the system, conditions are more complex. For instance, in the reactions between deuterons and heavy nuclei in which the neutron of the deuteron appears to go over to the struck nucleus at bombarding energies which are much too low for penetration of the whole deuteron through the potential barrier (*15*), one might expect anomalies in the angular distribution.

GIARRATANA and BRENNECKE (*11*) have shown that the angular distribution of the α-particles emitted in the reaction between protons and lithium of mass 7 (transformation (a)), is uniform when corrected to relative co-ordinates at rest, the probable error in their determination being 8 per cent. However, recent work in the CAVENDISH Laboratory (*12*) has yielded quite different results for the angular distribution of the protons and neutrons from the reactions:

$$ {}^2_1\mathrm{D} + {}^2_1\mathrm{D} \begin{cases} \nearrow {}^3_1\mathrm{H} + {}^1_1\mathrm{H} + E_k & \text{(k)} \\ \searrow {}^3_2\mathrm{He} + {}^1_0n + E_f. & \text{(f)} \end{cases} $$

The energies $E_k = 3.97 \pm 0.02$ MV, and $E_f = 3.0 \pm 0.2$ MV, are of the same order of magnitude, and since the products have the same mass-numbers momentum considerations are the same for each. The observations have been carried out with great care to eliminate as far as possible all extraneous effects which might lead to an asymmetry in the distribution of protons and of neutrons about the target. The neutrons were detected by means of an ionization chamber filled with helium at a pressure of about 10 atmospheres and connected with a linear amplifier, which enabled the number and ionization of the recoil nuclei to be determined at each angle. The target in this case was of $Al(OD)_3$. The protons were produced by bombarding a thin aluminium window, sufficient deuterium being deposited from the beam itself to give a large yield of protons, and these were counted in the normal way. The resultant angular distribution curves were very similar for both types of particle. They were symmetrical about 90° with respect to the bombarding beam, when corrected to relative co-ordinates, but the number of particles emitted in the forward and backward directions was greater than that in the 90° direction by about 40 to 50 percent, at both 100 and 200 kV bombarding potential.

At the present time it is not possible to give any detailed explanation of such a wide divergence from symmetry, but it is evident that a full theoretical treatment of the transformation process must take into account factors other than those used in the simple theory which assumes only the simple conservation laws.

References.

1. ASTON: Nature (Lond.) **137**, 357, 613 (1936).
2. BAINBRIDGE: Bull. Amer. physic. Soc. (2) **11**, 32 (1936).
3. BETHE: Physic. Rev. **47**, 633 (1935).
4. BJERGE: Nature (Lond.) **137**, 865 (1936).
5. — Private communication (to appear in 'Nature').
6. BONNER and BRUBAKER: Physic. Rev. **49**, 19 (1936).
7. BREWER: Physic. Rev. **49**, 635 (1936).
8. COCKCROFT and LEWIS: Proc. roy. Soc. Lond. A **154**, 261 (1936).
9. DEE and GILBERT: Proc. roy. Soc. Lond. A **149**, 200 (1935).
10. FEATHER and BRETSCHER: Nature (Lond.) **136**, 468 (1936).
11. GIARRATANA and BRENNECKE: Physic. Rev. **49**, 35 (1936).
12. KEMPTON, BROWN and MAASDORP: Proc. roy. Soc. Lond. (in press).
13. OLIPHANT, HARTECK and RUTHERFORD: Proc. roy. Soc. Lond. **144**, 692 (1934).
14. OLIPHANT, KEMPTON and RUTHERFORD: Proc. roy. Soc. Lond. A **867**, 406 (1935).
15. OPPENHEIMER and PHILLIPS: Physic. Rev. **48**, 500 (1936).
16. POLLARD: Nature (Lond.) **137**, 943 (1936).
17. e.g. TAYLOR and GOLDHABER: Nature (Lond.) **135**, 341 (1935).
18. CHADWICK and GOLDHABER: Nature (Lond.) **134**, 237 (1934).

The energy emission in transmutations in which electrons or positrons are emitted.

By J. D. COCKCROFT-Cambridge.

With 4 figures.

One of the most interesting problems in nuclear physics is provided by the continuous β ray spectrum. As is well known, the assumption that in each β ray disintegration a neutrino is emitted at the same time as the electron allows detailed conservation of energy and angular momentum to be maintained whilst theories of the process by FERMI and later by UHLENBECK and KONOPINSKI (*1*) have provided a general explanation of the observed phenomena.

Lately the production of radioactive substances of low atomic number has allowed of the following experimental tests of the validity of the neutrino hypothesis:

1. Does the observed distribution of energies in the β ray or positron spectra correspond to that predicted by the FERMI or alternatively by the UHLENBECK-KONOPINSKI theory?

2. Does the energy difference between nuclei before and after electron emission correspond to the upper limit of the electron spectrum or to the mean energy?

The FERMI theory calculates the probability that a neutron is transformed into a proton with emission of an electron and a neutrino by postulating a new type of interaction between a heavy particle, an electron and neutrino. The theory leads to the result that the probability $w(\varepsilon)$ of an electron of energy E being emitted is for zero neutrino mass given approximately (*1*) by

$$w(\varepsilon) = A\,F(Z, \varepsilon)\,\varepsilon\,(\varepsilon^2 - 1)^{1/2}(\varepsilon_0 - \varepsilon)^2\,d\varepsilon \qquad \varepsilon = \frac{E}{m\,c^2} \quad \varepsilon_0 = \frac{E_{max}}{m\,c^2}.$$

Since in general $\varepsilon \gg 1$ and $F(Z, \varepsilon)$ has little effect on the shape of the curve for light nuclei there should be for such nuclei a maximum in the electron distribution at about one half of the upper limit E_{max}, the distribution of energy being approximately symmetrical between electron and neutrino.

Experiment shows on the other hand that the energy distribution curve is assymmetric with a maximum at about one third of the upper limit instead of one half. The neutrino energy appears on the average to be greater than the electron energy as is shown by the curves for ^{13}N and ^{8}Li given in fig. 1.

This discrepancy between theory and experiment has been largely removed by a modification of the theory due to UHLENBECK and KONOPINSKI (*1*). They replaced in the interaction function the neutrino wave function by its derivative with respect to time, thus introducing a factor proportional to the square of the neutrino energy into the expression for $w(\varepsilon)$, giving

$$w(\varepsilon) = A\,F(Z, \varepsilon)\,(\varepsilon^2 - 1)^{1/2} \cdot (\varepsilon_0 - \varepsilon)^4\,d\varepsilon.$$

The modified expression brings the required asymmetry into the curve and moves the maximum to about one third of the upper limit as will be seen from table I which gives the experimental values of the positions of the maximum, the apparent upper limit and the extrapolated upper limit referred to later (*2*) (*3*).

Table I.

Element	E_{max} Maximum in *Curve* MV	Upper limit *from inspection* MV	Extrapolated *upper limit* MV
^{11}C	0.4	1.15	1.30
^{13}N	0.5	1.25	1.45
^{15}O	0.6	1.7	2.0
^{8}Li	3.8	10.0	11.1

The above authors have compared the two theories further with experiment by plotting for the high energy side of the curve $\left(\frac{N}{(H\varrho)^2}\right)^{\frac{1}{\alpha}}$ as a function of $\left[1 + \left(\frac{H\varrho}{1700}\right)\right]^{1/2}$, ϱ being the radius of curvature in a field H and N being the number of electrons having momenta between η and $\eta + d\eta$ $\left[\eta = \frac{H\varrho}{1700}\right]$.

A linear relationship should be obtained with $\alpha = 2$ if the FERMI theory is correct; with $\alpha = 4$ if the UHLENBECK modification is correct.

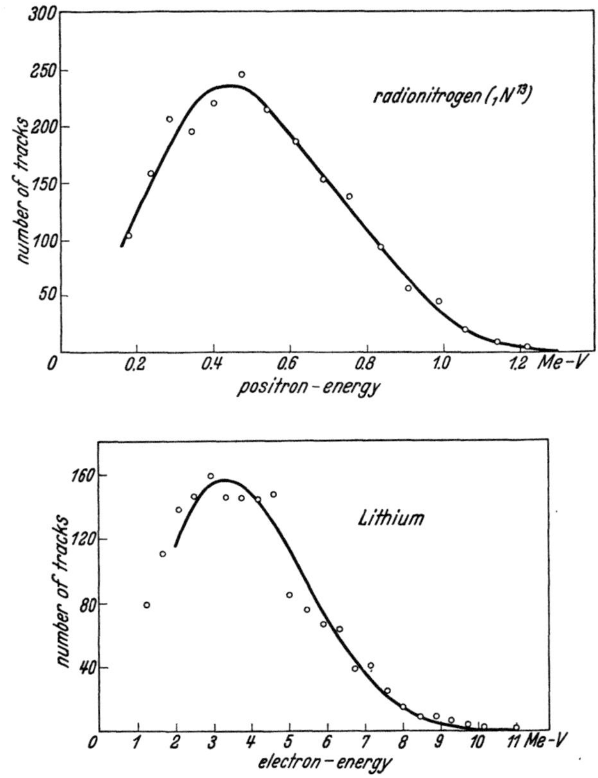

Fig. 1.

Fig. 2 gives the plot for ^{13}N and shows a good agreement with the UHLENBECK theory. Similar results have been found for all the elements so far investigated. Since the theory requires that the number of particles near the upper limit varies as $(\varepsilon_0 - \varepsilon)^4$ there should be a very rapid decrease in the number of particles near the limit and it is found that extrapolation of the linear plot to give this limit produces always a value which is appreciably higher than that obtained by inspection of the curve. The figures are given in Table I; one sees for example that the upper limit for ^{13}N is required to be approximately 20 per cent higher than the energy of the most energetic electrons observed.

One feels therefore some hesitation in accepting without question an extrapolation supported only on theoretical grounds, more particularly when considerable uncertainty in the form of the experimental curve near the upper limit may be introduced by scattering and other sources of error.

The point is of special importance when one compares the upper limit of the spectrum with the energy difference between nuclei. This comparison can be carried out either when we have accurate knowledge of the masses concerned or when we have some alternative method of transition between initial and final nuclei in which only heavy particles are emitted, for in these cases the energy differences can be obtained with considerable accuracy.

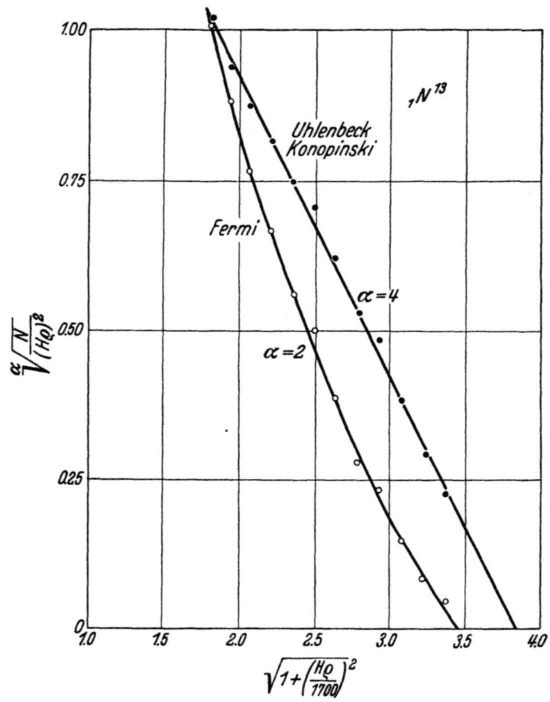

Fig. 2.

The best example available to carry out the comparison are the two reactions connecting ^{12}C to ^{13}C

$$^{12}C + {}^{2}H \rightarrow {}^{13}C + {}^{1}H + E_1 \quad (1)$$

$$^{12}C + {}^{2}H \rightarrow {}^{13}N + {}^{1}n + E_2 \quad (2)$$

$$^{13}N \rightarrow {}^{13}C + \varepsilon^+ + E_3 .$$

The balance of energy requires that

$$E_3 = (E_1 - E_2) - ({}^{1}n - {}^{1}H) - (\varepsilon^+ + \varepsilon^-)$$

the negative electron mass being introduced since the atomic mass of ^{1}H is used.

Measurements of the reaction energy E_1 are obtained from the range of the protons emitted in reaction (*1*), a typical curve being shown in fig. 3 from which one would conclude that $E_1 = 2.66 \pm 0.02$ MV. If all possible sources of error are taken into account $E_1 = 2.66 \pm 0.06$ MV (*4*).

LAURITSEN and LAWRENCE have obtained values 2.65 ± 0.07 MV and 2.66 MV respectively.

The reaction energy E_2 cannot be obtained so precisely but a quite definite lower limit can be obtained by observing the minimum deuteron

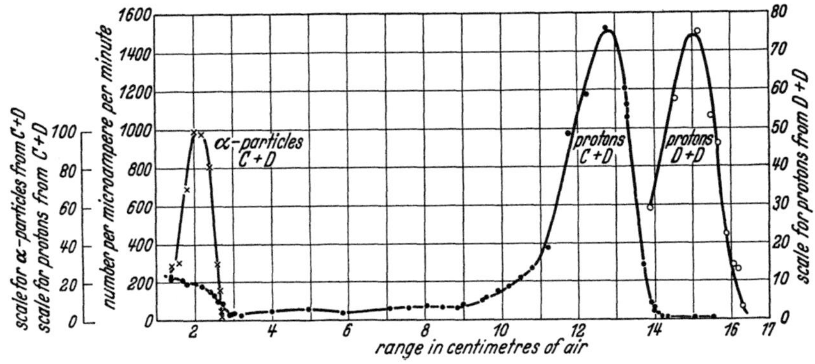

Fig. 3.

energy for which radioactivity can be produced in carbon. Fig. 4 shows results obtained by LEWIS and BURCHAM for the variation of the activity with deuteron energy or proton energy. They found that the activation began sharply at a deuteron energy of 0.325 ± 0.03 MV from which it is certain that $E_2 \ll -0.28 \pm 0.03$ MV and is probably equal to the value given. The most uncertain factor hitherto has been the neutron-proton mass difference but with FEATHER's data on the photoelectric disintegration of the deuteron and ASTON and BAINBRIDGE's revised figures for the deuteron-hydrogen molecule mass difference we can use with some confidence the value given by OLIPHANT above.

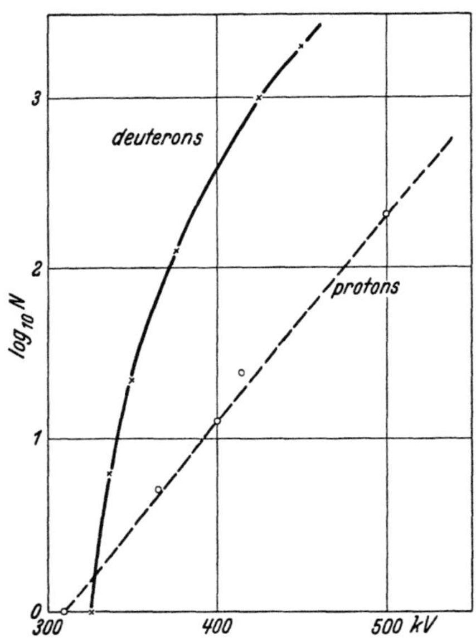

Fig. 4.

$^1n - {}^1H = 0.86 \pm 0.07$ MV. One finds therefore that

$E_3 \ll 1.05 \pm 0.01$ MV.

The upper limit obtained by inspection (2) (3) is 1.25 MV. The UHLENBECK-KONOPINSKI extrapolation gives 1.45 ± 0.1 MV. The mean energy of the positrons is 0.49 MV.

The experiments thus show that within the experimental error the energy release is given by the upper limit of the spectrum rather than by the mean. They do not on the other hand agree with the upper limit obtained by the UHLENBECK extrapolation.

A second example is obtained in the production of ^{17}O by the reactions

$$^{16}O + {^2H} \rightarrow {^{17}O} + {^1H} + E_1 \quad (3)$$

$$^{16}O + {^2H} \rightarrow {^{17}F} + n + E_2 \quad (4)$$

$$^{17}F \rightarrow {^{17}O} + \varepsilon^+ + E_3,$$

The proton energies in reaction (*1*) have been accurately measured by COCKROFT and LEWIS (*4*) who give $E_1 = 1.91 \pm 0.05$ MV. E_2 has been obtained by NEWSOM (*5*) who showed that the production of radio fluorine began sharply for deuteron energies of 2.0 MV so that $E_2 \ll -1.8 \pm 0.2$ MV from which $E_3 \leqq 1.82 \pm 0.25$ MV.

The measurements on the positron spectrum of ^{17}F give 2.1 MV for the upper limit from inspection; 2.4 MV from the UHLENBECK extrapolation (*3*).

A third case is given by the production of ^8Li by the reactions

$$^7Li + {^2H} \rightarrow {^8Li} + {^1H} + E_2 \quad (4)$$

$$^8Li \rightarrow {^8Be} + \varepsilon^- + E_3$$

$$^7Li + {^2H} \rightarrow {^8Be} + {^1n} + E_1 \quad (5)$$

from which $E_3 = E_1 - E_2 + ({^1n} - {^1H})$.

Measurements by OLIPHANT, KEMPTON and RUTHERFORD (*6*) give 14.6 ± 0.25 MV for the energy release in the reactions

$$^7Li + {^2H} \rightarrow 2\,{^4He} + {^1n} + E$$

whilst BONNER and BRUBAKER (*7*) give

$$E_1 = 14.3 \pm 0.5 \text{ MV}$$

agreeing with OLIPHANT, KEMPTON and RUTHERFORD's value since the mass of ^8Be is approximately equal to that of 2α particles.

The reaction energy E_2 can be determined from the energy of the protons provided these can be identified with certainty. LAURITSEN, DELSASSO and FOWLER (*8*) have shown the existence of a group of protons of range 26 cm in addition to those of 31 cm previously known to result from the transmutation of ^6Li to ^7Li (*9*). This group of protons did not appear in OLIPHANT, SHIRE and CROWTHER's study of the disintegration of the separated isotope ^7Li but was probably too weak in intensity at their voltage. The experiments are being repeated at higher-voltages to get a definite proof of the attribution of the reaction. If we assume provisionally that this is correct we may take LAURITSEN's figure for E_2 as 4.3 ± 0.2 MV. We find then that $E_3 = 10.86 \pm 0.6$ MV.

The curve for the ^8Li spectrum obtained by CRANE, DELSASSO, FOWLER and LAURITSEN (*10*) is given in fig. 1.

The upper limit obtained by inspection is 10 MV. The UHLENBECK extrapolation gives 11.2 MV. The mean energy is 3.8 MV. Since the number of tracks observed with energies above 9 MV was only of the order of 10 however, the end point cannot be considered to be known with great precision and it is not possible to say whether the UHLENBECK extrapolation gives the best value for the end point.

We may finally conclude 1) that the experimental evidence supports the assumption that in each disintegration, detailed conservation of energy is preserved, the energy emission being given by the upper limit of the electron spectrum.

2) That whilst the UHLENBECK-KONOPINSKI theory gives in general good agreement with the observations, the upper limit of the spectra obtained by extrapolation of the spectra according to the theory gives too high a value for the limit.

References.

1. KONOPINSKI and UHLENBECK: Physic. Rev. **48**, 7 (1935).
2. KURIE, RICHARDSON and PAXTON: Physic. Rev. **49**, 368 (1936).
3. FOWLER, DELSASSO and LAURITSEN: Physic. Rev. **49**, 561 (1936).
4. COCKCROFT and LEWIS: Proc. Roy. Soc. Lond. **154**, 246 (1936).
5. NEWSOM: Physic. Rev. **48**, 790 (1935).
6. OLIPHANT, KEMPTON and RUTHERFORD: Proc. Roy. Soc. Lond. **149**, 406 (1935).
7. BONNER and BRUBAKER: Phys. Rev. **47**, 973 (1935).
8. LAURITSEN, DELSASSO and FOWLER: Physic. Rev. **48**, 848 (1935).
9. OLIPHANT, SHIRE and CROWTHER: Proc. Roy. Soc. Lond. **146**, 922 (1934).
10. CRANE, DELSASSO, FOWLER and LAURITSEN: Physic. Rev. **47**, 971 (1935).

Starke Energieverluste von Elektronen.

Von **W. BOTHE**-Heidelberg.

Mit 1 Abbildung.

Herr KLARMANN hat kürzlich eine größere Zahl von Nebelkammeraufnahmen von Elektronenbahnen in Krypton und Xenon gemacht und die Kernablenkungen über große Winkel ($\vartheta > 15°$) näher untersucht. Die Elektronen waren durch die gefilterte γ-Strahlung des ThC″ erzeugt, ihre Energie reichte also bis etwa 2,4 eMV. Die beobachtete Winkelverteilung der Ablenkungen entsprach etwa der Theorie von MOTT, die absolute Häufigkeit war aber einige Male kleiner, als diese Theorie erwarten läßt. Am auffälligsten war jedoch, daß in der Mehrzahl der Fälle die Ablenkung mit einem erheblichen Energieverlust verbunden war, wie sich aus der magnetischen Krümmung vor und nach dem Stoß ergab. In der Abbildung ist für jeden Einzelfall in Xenon die Anfangsenergie als Abszisse, der Energieverlust als Ordinate aufgetragen, in dem als Bahnrichtung die eines negativen Teilchens angenommen wurde. Die wenigen Punkte, die unter der Abszissenachse liegen, beziehen sich wahrscheinlich auf Positronen, können aber zum Teil auch Fehlmessungen darstellen.

Zum Vergleich kann man die Theorie der Bremsstrahlung von BETHE-HEITLER und SAUTER heranziehen (*1*). Berechnet man hiernach, wieviel Energieverluste von mehr als 20% bzw. mehr als 50% auf der ganzen beobachteten Bahnlänge vorkommen sollten, so zeigt sich, daß die beobachteten Zahlen solcher Verluste etwa 3,5 mal größer sind als die theoretischen, in Xenon wie in Krypton. Nun ist allerdings nicht sicher, ob diese Theorie für so große Ordnungszahlen wie 54 (X) noch genügend zuverlässig ist; für $Z = 36$ (Kr) sollte sie wohl noch gelten, sicher aber für $Z = 18$ (A), wo LEPRINCE-RINGUET (*2*) ebenfalls Abweichungen um einen Faktor 5 bis 10 im selben Sinne beobachtet hat.

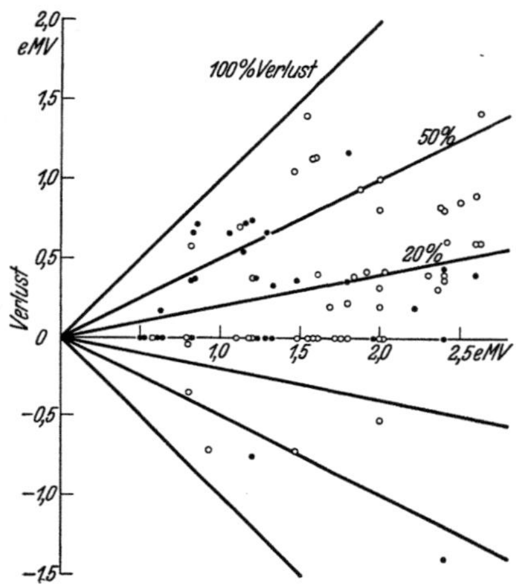

Abb. 1. Energieverluste in Xenon; ○ $\vartheta < 45°$; • $\vartheta > 45°$.

Hieraus muß man wohl schließen, daß außer den Strahlungsverlusten noch Energieverluste anderer Art auftreten. Wir haben zunächst, ebenso wie schon SKOBELTZYN und STEPANOWA (*3*), vermutet, daß eine Erzeugung von Neutrinos hierfür in Frage kommen könnte. Doch wurden wir von theoretischen Kollegen belehrt, daß die Häufigkeit solcher Prozesse bei den hier in Frage kommenden Elektronenenergien viel zu klein sein sollte, um eine wesentliche Rolle zu spielen (*4*).

Literatur.

1. BETHE, H., u. W. HEITLER: Proc. roy. Soc. Lond. A **146**, 83 (1934). — SAUTER, F.: Ann. Physik **20**, 404 (1934).

2. LEPRINCE-RINGUET, L.: C. r. Acad. Sci. Paris **201**, 712 (1935) — Thèses, Paris 1936.

3. SKOBELTZYN, D., u. E. STEPANOWA: Nature (Lond.) **137**, 234 (1936).

4. Ausführliche Veröffentlichung: KLARMANN, H., u. W. BOTHE: Z. Physik **101**, 489 (1936) (Anm. b. d. Korr.).

II. Experiment und Photonentheorie des COMPTON-Effekts.

Koinzidenzversuche am COMPTON-Effekt.

Von **W. BOTHE**-Heidelberg.

Mit 2 Abbildungen.

Die bekannten Schwierigkeiten, die aus dem Dualismus in den Erscheinungsformen der Strahlung entspringen, veranlaßten im Jahre 1924 BOHR, KRAMERS und SLATER (*1*), zum ersten Male ernsthaft die Möglichkeit zu diskutieren, daß im Elementarprozeß der Wechselwirkung zwischen Strahlung und Materie der Energie-Impulssatz nicht streng, sondern nur statistisch erfüllt sein könnte. Eine solche Annahme schließt die Möglichkeit aus, solche Prozesse durch Lichtquanten (Photonen) zu beschreiben. Daher lag es nahe, diese Frage an demjenigen Prozeß zu prüfen, der bis dahin geradezu als augenfällige Demonstration der Existenz des Photons gelten konnte, nämlich am COMPTON-Effekt. Diese Prüfung wurde von BOTHE und GEIGER (*2*) für Röntgenstrahlen von etwa 70 ekV ausgeführt. Es gelang der Nachweis, daß beim elementaren COMPTON-Effekt ein Streuphoton und ein Rückstoßelektron gleichzeitig ausgesandt werden. Damit war die von BOHR, KRAMERS und SLATER erörterte Möglichkeit experimentell ausgeschlossen.

Diese Versuche müssen auch heute noch als völlig stichhaltig gelten. Die damals noch benutzte photographische Methode zum Nachweis der Koinzidenzen ist zwar schwerfälliger, aber mindestens ebenso sicher wie die heute üblichen automatischen Methoden, die sich gewisser Verstärkerschaltungen bedienen. Die photographische Methode ermöglichte es sogar, eine wichtige Fehlerquelle aufzudecken, die in zeitlichen Verzögerungen im Ansprechen des gewöhnlichen Spitzenzählers besteht. Diese Verzögerungen konnten damals durch einen experimentellen Kunstgriff beseitigt werden.

Diese Versuche wurden so ausgeführt, daß Rückstoßelektronen aller Richtungen zur Wirkung kamen. Zur selben Zeit hat auch BENNETT (*6*) versucht, Koinzidenzen zwischen Streuphotonen und Rückstoßelektronen von Röntgenstrahlen mit Hilfe von Spitzenzählern nachzuweisen, und zwar mit ausgesonderten Richtungen. Dies ist ihm nicht gelungen, hauptsächlich wegen der erwähnten Verzögerungen. Auch dürfte ein solcher Versuch grundsätzlich sehr schwer durchführbar sein, weil im Röntgengebiet die Rückstoßelektronen noch recht langsam sind, so daß sie in der Materie, in der sie entstehen, schon eine sehr starke Zerstreuung erleiden, durch welche die gemäß der Photonentheorie zu erwartende Richtungskopplung stark verwischt wird. Aus ähnlichen Gründen dürfte auch ein Versuch von BEARDEN (*6*) kein positives Ergebnis gezeitigt haben.

Nach einer anderen Methode, nämlich der Nebelmethode, haben dann COMPTON und SIMON (*4*) die erwähnte Richtungskopplung geprüft. Das Ergebnis war hier zugunsten der Photonenvorstellung; doch hat kürzlich SHANKLAND (*6*) auf die erheblichen experimentellen Unsicherheiten hingewiesen, welche solchen Nebelkammerversuchen anhaften.

Ein anderer Weg, die Idee von BOHR, KRAMERS und SLATER experimentell zu verfolgen, bot sich bei der gewöhnlichen Lichtemission. Während nach der Photonenvorstellung im elementaren Emissionsakt nur in einer wohldefinierten Emissionsrichtung Energie nachweisbar sein sollte, verlangte die Vorstellung von BOHR, KRAMERS und SLATER, daß mit einer angebbaren Wahrscheinlichkeit in zwei verschiedenen Emissionsrichtungen Absorptionsakte ausgelöst werden können. Der Versuch (*3*) wurde mit Cu- und FeK-Strahlung ausgeführt, die in Fluoreszenz erregt wurden. Da nach BOHR, KRAMERS und SLATER die „virtuelle" Emissionswelle, welche die Wahrscheinlichkeit zur Auslösung von Absorptionsakten in sich trägt, nicht während der ganzen Dauer der fluoreszenzerregenden Primärstrahlung, sondern nur dann vorhanden sein sollte, nachdem ein K-Elektron aus dem Atom entfernt ist, so liegt hier genau der Fall eines selbstleuchtenden Atoms vor. Die experimentelle Entscheidung wurde wesentlich dadurch erleichtert, daß es gelang, durch passende Abstimmung der Wellenlänge, der Zählerabmessungen und der Gasfüllung eine etwa 10proz. Ansprechwahrscheinlichkeit des Zählers auf Photonen zu erreichen. Dieser Versuch kann als Gegenversuch zum COMPTON-Effekt gelten, insofern, als Koinzidenzen nach BOHR, KRAMERS und SLATER, nicht aber nach der Photonenvorstellung zu erwarten waren. Das Ergebnis sprach wiederum klar für die Photonenvorstellung.

Es ist bekannt, wie die kurz darauf begründete Quantenmechanik die Deutung der bisher erwähnten Versuche in sich schließt.

Kürzlich hat nun SHANKLAND (*6*) in COMPTONS Laboratorium den Versuch unternommen, die Photonenvorstellung im Gebiete der härteren γ-Strahlen nachzuprüfen. Er benutzte hierzu wiederum den COMPTON-Effekt. Der Vorteil gegenüber dem Röntgengebiet liegt darin, daß hier die Rückstoßelektronen so energiereich sind, daß sie bei entsprechend geringer Dicke der Streuschicht nicht sehr stark aus ihrer ursprünglichen Richtung abgelenkt werden; daher kann man hier eher hoffen, die von der Photonenvorstellung geforderte Richtungskopplung zwischen Streuphotonen und Rückstoßelektronen zu finden. Trotzdem ist ein solcher Versuch nicht ganz leicht durchführbar, weil die im Röntgengebiet noch wirksamen Mittel, um die Ansprechwahrscheinlichkeit eines GEIGERschen Zählers für Photonen zu erhöhen (s. oben), bei den härteren γ-Strahlen versagen, so daß die Ansprechwahrscheinlichkeit nicht auf wesentlich mehr als 10^{-2} gebracht werden kann. Dies bringt mit sich, daß die zu erwartende Häufigkeit der Koinzidenzen recht gering ist und leicht im unvermeidlichen Nulleffekt untergeht. SHANKLAND hat sich so geholfen, daß er im Wege der Streuphotonen mehrere Zählrohre hintereinander aufstellte, die als ein einziger Zähler von erhöhter Ansprechwahrscheinlichkeit (aber noch mehr erhöhtem Nulleffekt) wirken sollten. Dennoch ist es SHANKLAND nicht gelungen, so viel Koinzidenzen zu finden, wie nach seiner Berechnung aus der Photonentheorie zu erwarten gewesen wären. Der hieraus gezogene Schluß, daß die Photonenvorstellung versagt, ist dann von verschiedenen Seiten übernommen und diskutiert worden. Insbesondere hat DIRAC (*5*) es für nötig erachtet, wieder auf die statistische Auffassung von BOHR, KRAMERS und SLATER zurückzugreifen. Diese Möglichkeit scheidet jedoch von vornherein aus, weil sie im Widerspruch steht zu klaren experimentellen Ergebnissen, welche mit Berücksichtigung aller erdenklichen Fehlerquellen nach allen Seiten hin gesichert sind.

Hiernach blieben nur zwei Möglichkeiten übrig: Entweder unterscheiden sich Röntgen- und γ-Strahlen wirklich so grundsätzlich in ihrem Verhalten, oder das Ergebnis von SHANKLAND ist falsch. Durch neue Versuche (*7*) glauben nun H. MAIER-LEIBNITZ und der Vortragende sichergestellt zu haben, daß das letztere der Fall ist.

Als Primärstrahlung wurden dabei nicht, wie bei SHANKLAND, die sehr inhomogenen RaC-γ-Strahlen, sondern gefilterte ThC''-γ-Strahlen benutzt, welche weitgehend homogen von der Energie 2,65 eMV sind. Ein Bündel dieser Strahlen wurde durch einen Bleikanal möglichst sauber ausgeblendet und fiel auf eine Cellophanfolie von 28 mg/cm². Die Rückstoßelektronen, welche die Folie in einer bestimmten Richtung verließen, wurden durch ein dünnwandiges Zählrohr (β-Zähler) registriert, die Streuphotonen in einer anderen Richtung gewöhnlich durch zwei hintereinandergestellte Zählrohre mit Bleimantel (γ-Zähler). Zum Nachweis der Koinzidenzen zwischen β- und γ-Zähler diente eine Schaltung nach dem ROSSIschen Prinzip mit einer Auflösezeit von rund $3 \cdot 10^{-5}$ sec. Der Nulleffekt wurde jeweils bei entfernter Folie, sonst aber mit unveränderter Anordnung genommen; dabei wurde der β-Zähler zusätzlich durch eine schwache β-Strahlenquelle bestrahlt, damit die Ausschlagszahlen dieselben waren wie bei dem eigentlichen Versuch mit Folie („Kompensation" der Rückstoßelektronen). Auf diese Weise ist man sicher, den genauen Nulleffekt zu messen, ohne das Auflösungsvermögen der Koinzidenzanordnung genau kennen zu müssen. In dieser Weise wurden die folgenden Versuche ausgeführt, deren wesentliche Ergebnisse in der Tabelle zusammengestellt sind.

Versuch Nr.	Streu- und Rückstoßwinkel	Rückstoßelektronen pro Min.	Koinzidenzen in 14,5 Stdn. ohne Folie	mit Folie	Überschuß
1[1]	30°	40	5	25	20
2	30°	52	34	95	61
3[2]	30°	40	30	39	9
4	21°	40	39	46	7
	30°	38		95	56
	45°	28		50	11

[1] Nur ein γ-Zählrohr. [2] Nicht komplanar.

Versuch 1 und 2 (Abb. 1). Der β- und der γ-Zähler wurden unter je 30° beiderseits der Primärrichtung aufgestellt. Diese beiden Richtungen sind koordiniert im Sinne der Photonentheorie des COMPTON-Effekts. Versuch 1 ist der einzige, bei welchem nur ein γ-Zählrohr, statt deren zwei benutzt wurde. In beiden Versuchen treten deutlich die von der Photonentheorie geforderten Koinzidenzen auf.

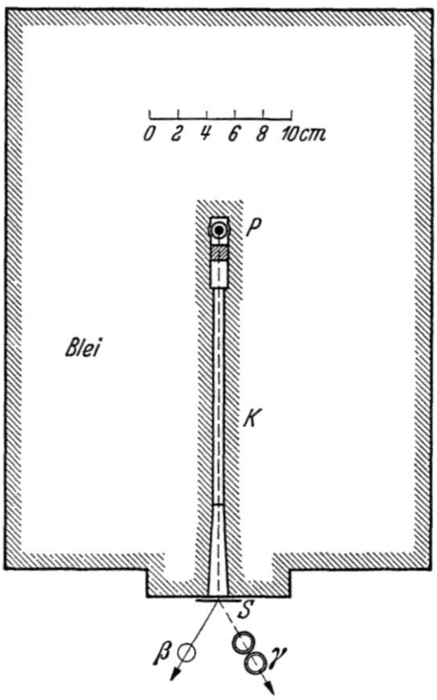

Abb. 1. Anordnung für Versuch 2.

Versuch 3. Der Streu- und Rückstoßwinkel waren wieder auf je 30° eingestellt, nur wurden beide Zähler um die Primärrichtung geschwenkt, so daß der azimutale Abstand voneinander nicht 180°, sondern 90° betrug. Die drei Richtungen waren daher nicht mehr komplanar, es durften praktisch keine Koinzidenzen mehr auftreten; dies war in der Tat das Ergebnis dieses Versuches.

Versuch 4 (Abb. 2). Um schließlich eine koinzidenzfähige Stellung auch innerhalb einer Ebene durch die Primärrichtung auszusondern, wurde bei festgehaltenen Zählerstellungen die Streufolie in Richtung des Primärstrahles schrittweise verschoben. In einer mittleren Stellung der Folie sollten Koinzidenzen auftreten, dagegen nicht, wenn die Folie näher an die Zähler gebracht oder weiter von ihnen entfernt wurde. In der Tat zeigten sich in der mittleren, „richtigen" Stellung viel mehr Koinzidenzen als in den beiden benachbarten Stellungen.

Durch diese Versuche dürfte sichergestellt sein, daß erstens Rückstoßelektronen und Streuphotonen gleichzeitig auftreten, und daß zweitens auch deren Richtungen miteinander gekoppelt sind, wie es die Photonentheorie erwarten läßt.

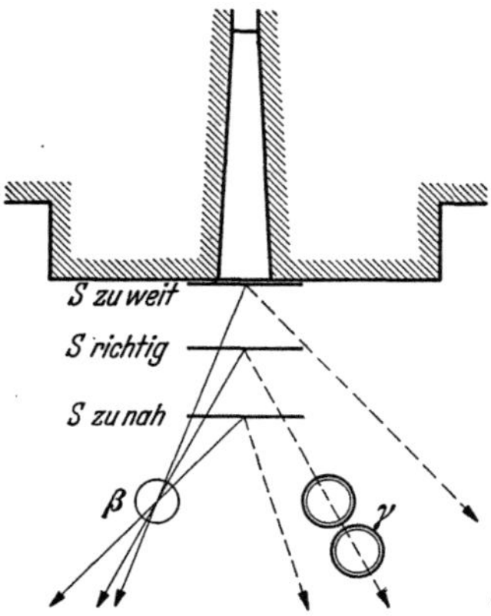

Abb. 2. Anordnung für Versuch 4.

Paarbildung als Ursache der Koinzidenzen scheidet bei näherer Betrachtung mit Sicherheit aus. Solche Prozesse sind, soweit sie nicht überhaupt in den Nulleffekt eingehen, viel zu selten.

Auf den ersten Blick mag die geringe Häufigkeit der beobachteten Koinzidenzen etwas überraschen. In der „richtigen" Stellung der Folie und der Zähler zueinander entfallen auf 1000 beobachtete Rückstoßelektronen nur 1,6 Koinzidenzen. Die nähere Betrachtung zeigt jedoch, daß eine wesentlich höhere Koinzidenzhäufigkeit nicht erwartet werden kann. Schon die Ansprechwahrscheinlichkeit unseres γ-Zählers für die Streuphotonen war nur knapp 10^{-2}, wie aus besonderen Versuchen hervorging. Hinzu kommen dann noch einige Umstände, welche dahin wirken, daß viele Rückstoßelektronen in den β-Zähler geraten, deren zugehöriges Streuphoton am γ-Zähler vorbeigeht, so daß keine Koinzidenz zustande kommt. Dies kann auf folgende Weise geschehen:

1. Die Zähler waren wegen der rechteckigen Form ihres wirksamen Querschnittes nicht Punkt für Punkt in koordinierten Stellungen.

2. Die Rückstoßelektronen erleiden vor ihrem Austritt aus der Streuschicht eine nicht unerhebliche Vielfachstreuung; dadurch geraten in den β-Zähler auch Elektronen aus falschen Richtungen, welche keine Koinzidenzen ergeben.

3. Die Primärstrahlung enthielt noch einen gewissen inhomogenen Anteil von wesentlich geringerer Energie als 2,65 eMV. Dazu kamen wahrscheinlich noch weichere Sekundärstrahlen von den Wänden des Bleikanals. Für diese Strahlungen waren die Zähler nicht in koordinierten Stellungen.

Berücksichtigt man alle diese Umstände, so erscheint die beobachtete Koinzidenzhäufigkeit durchaus verträglich mit der strengen Photonentheorie des COMPTON-Effekts, wie in der demnächst erscheinenden ausführlichen Arbeit gezeigt wird (*8*).

Es bliebe noch die Frage zu klären, warum die Versuche von SHANKLAND negativ ausliefen. Wenn auch eine sichere Erklärung dafür nicht aus den Angaben von SHANKLAND entnommen werden kann, so kann doch auf einige Umstände hingewiesen werden, die seine Messungen ungünstig beeinflußt haben.

SHANKLAND benutzte die sehr inhomogene γ-Strahlung des RaC als Primärstrahlung. Eine einfache Rechnung zeigt, daß in der Anordnung, mit welcher SHANKLAND die meisten Messungen ausgeführt hat, praktisch nur die eine weiche γ-Linie von 0,61 eMV Koinzidenzen erzeugen konnte. Die zugehörigen Energien des Streuphotons und des Rückstoßelektrons (0,36 bzw. 0,25 eMV) sind zudem so gering, daß Störeffekte wie die Zerstreuung der Elektronen in der Streuschicht sehr stark ins Gewicht fallen. Es scheint, daß mit so vielen Koinzidenzen, wie SHANKLAND erwartete, nicht annähernd gerechnet werden konnte.

Unsere Versuche zeigten weiter, daß der Nulleffekt zu einem wesentlichen Teil von Ultrastrahlteilchen herrührt, und daß die Koinzidenzen, welche diese erzeugen, stark von der Stellung der Zähler abhängen. Dies war der Grund, weshalb wir die zu vergleichenden Messungen stets bei ungeänderter Geometrie ausführten, während SHANKLAND häufig den Nulleffekt gerade in solchen Stellungen bestimmte, welche die Ultrastrahlkoinzidenzen stark begünstigten.

Literatur.

1. BOHR, N., H. A. KRAMERS u. J. C. SLATER: Z. Physik **24**, 69 (1924).
2. BOTHE, W., u. H. GEIGER: Z. Physik **32**, 639 (1925).
3. BOTHE, W.: Z. Physik **37**, 547 (1926).
4. COMPTON, A. H., and A. W. SIMON: Physic. Rev. **26**, 289 (1925).
5. DIRAC, P. A. M.: Nature (Lond.) **137**, 904 (1936).
6. Vgl. R. S. SHANKLAND: Physic. Rev. **49**, 8 (1936).
7. Ergebnisse s. Göttinger Nachr. **2**, 127 (1936) — Physic. Rev. **50**, 187 (1936).
8. BOTHE, W., u. H. MAIER-LEIBNITZ: Z. Phys. **102**, 143 (1936). (Anm. b. d. Korr.)

Zählrohrkoinzidenzen und COMPTON-Effekt.

Von G. BERNARDINI und S. FRANCHETTI-Florenz.

Mit 3 Abbildungen.

Im folgenden sollen einige Versuche beschrieben werden, die wir im Zusammenhang mit den SHANKLANDschen Experimenten durchgeführt haben. Als Vorversuch haben wir die in Abb. 1 angegebene Anordnung benutzt: Zwischen 2 Zählrohre von 18 mm Durchmesser mit Al-Wänden von 18 μ Dicke wurde eine Folie aus Al, Cd oder Pb (äquivalenter Elektronenzahl pro cm²) eingelegt und der γ-Strahlung eines RdTh-Präparates von 35 mc Stärke ausgesetzt. Die Zählrohre

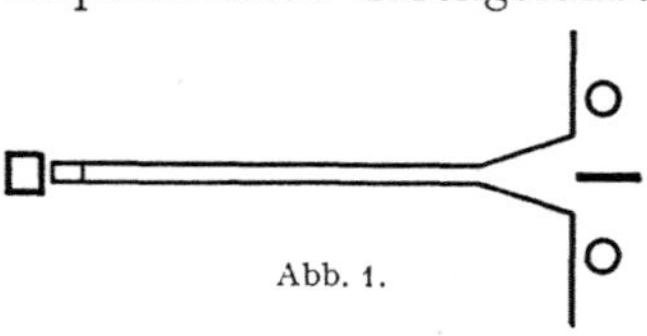

Abb. 1.

waren in der Koinzidenzanordnung nach ROSSI geschaltet. Da die einzelnen Zähler bis 500 Impulse pro Minute empfingen, mußte das Auflösungsvermögen der Anordnung recht hoch sein ($2 \cdot 10^{-5}$ sec). Die Folie wurde jede Stunde gewechselt und im ganzen 35 Stunden beobachtet. Die Resultate der Messungen sind in Abb. 2 dargestellt. Als Abszisse ist die Kernladung Z, als Ordinate die Zahl der Koinzidenzen N, dividiert durch Z aufgetragen. Man sieht, daß die experimentellen Werte ungefähr auf einer Geraden liegen, d. h. daß N mit Z zusammenhängt wie: $N = aZ + bZ^2$, was zu erwarten ist, wenn die Koinzidenzen teilweise durch COMPTON, teilweise durch Paarbildung erzeugt werden. Die Zahl der zufälligen Koinzidenzen wurde teilweise durch Rechnung aus dem Auflösungsvermögen bestimmt, teilweise durch Anbringen eines schwachen radioaktiven Präparates in der Nähe der Zählrohre, so daß die Impulszahl die gleiche war wie im Versuch.

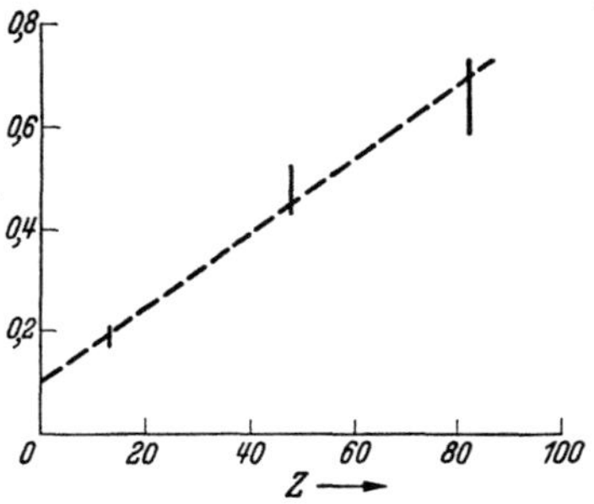

Abb. 2.

Nach diesem Versuch haben wir eine Anordnung getroffen, die der von SHANKLAND möglichst nachgebildet war. Das RdTh-Präparat wurde, durch 2,5 cm Pb geschützt, etwa 50 cm weit vom Streuer, einer Al-Folie von 50 μ Dicke, aufgestellt. Die Zählrohre waren auch in diesem Falle aus 15 μ Al-Folie hergestellt, dasjenige aber, das die γ-Strahlung nachzuweisen hatte, überdies mit 2 mm Pb umkleidet. In 2000 Min. haben wir $0{,}226 \pm 0{,}016$ Koinzidenzen pro Minute mit Streuer, $0{,}187 \pm 0{,}013$ Koinzidenzen pro Minute ohne Streuer erhalten, was einem Unterschied von $0{,}039 \pm 0{,}021$ Koinz./Min. entspricht. Da der Effekt sehr klein ist, wurde die Anordnung verbessert, indem zum γ-Strahlnachweis drei Zählrohre verwendet wurden und das Zählersystem sehr weit vom Bleipanzer aufgestellt wurde (Abb. 3). Mit dieser Anordnung wurde während 1733 Min. sowohl mit als auch ohne Streuer beobachtet, wobei im ersten Fall 528, im letzten 397 Koinzidenzen gefunden wurden, was einem Unterschied von 132 ± 31 entspricht. Zur Kontrolle wurden die γ-Zähler um

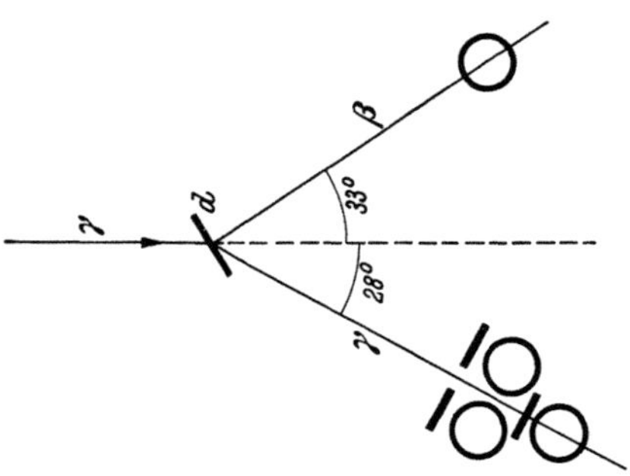

Abb. 3.

90° umgelegt und folgende Zahlen erhalten: 186 mit und 206 ohne Streuer, d. h. ein Unterschied von -20 ± 20. Als Schlußfolgerung können wir daher im Anschluß an den Vortrag von Prof. BOTHE sagen:

a) Man muß, um den Strahl zu kanalisieren, in der Nähe der Zählrohre viel Blei aufstellen, was, wenn man nicht sehr vorsichtig ist, zu Paarbildung Anlaß gibt, die im Streuer absorbiert werden.

b) Wenn die geometrischen Bedingungen sehr gut sind, können die gestreuten Elektronen abgelenkt werden und damit die Zahl der Koinzidenzen verkleinert werden.

III. Kosmische Strahlung.

Die Eigenschaften der primären kosmischen Strahlung.

Von J. CLAY-Amsterdam.

Mit 7 Abbildungen.

Nachdem heute wohl von allen Forschern angenommen wird, daß die primäre kosmische Strahlung wenigstens zum Teil korpuskularer Natur ist, fragt man sich, ob es möglich ist, folgende Fragen zu beantworten:

1. Wieviel Prozent der kosmischen Strahlung ist korpuskular?
2. Ist die primäre Strahlung gleichartig, oder muß man verschiedene Strahlensorten annehmen?
3. Ist die elektrische Ladung positiv oder negativ oder beides?
4. Wie ist die Energieverteilung der Teilchen?
5. Wie verhält es sich mit der Absorption der verschiedenen primären Strahlensorten?
6. Auf welche Weise verläuft die Umwandlung der Strahlung in der Materie?
7. Woher stammt die primäre Strahlung?

Wir wollen uns bei der jetzigen Gelegenheit in der Hauptsache beschränken auf dasjenige, was in Amsterdam zur Beantwortung dieser Frage getan wurde.

Nach den Versuchen von ROSSI (*1*) und anderen einerseits, und von AUGER und EHRENFEST (*2*), von STREET, WOODWARD und STEVENSON (*3*) andererseits wissen wir, daß wir in einem Tripelkoinzidenzzähler nur korpuskulare Strahlen messen.

Wir messen nun unter Wasser, wie mit zunehmender Tiefe desselben die Anzahl der korpuskularen Strahlen abnimmt, und gleichzeitig messen wir die Abnahme der Ionisation (*4*). Da nun die Ionisation das Endprodukt aller Strahlung ist, kann man — wie wir in Versuchen bis zu 100 m Wassertiefe gefunden haben (Abb. 1) — aus der Gleichheit der beiden Abnahmen schließen, daß alle primären Strahlen, welche das Wasser durchdringen, korpuskularer Natur sein müssen. Nur dann könnte ein Teil dieser Strahlung aus Photonen bestehen, wenn diese genau denselben Absorptionskoeffizienten hätten, und dies ist sicherlich äußerst unwahrscheinlich. Dies gilt um so mehr, als auch noch gefunden wurde, daß die Abnahme der primären Strahlung und der Ionisation unter dicken Eisen- und Bleiplatten von 400 bis 700 g/cm^{-2} einander parallel gehen (*5*). Aus diesen Gründen darf wohl heute ausgeschlossen werden, daß auf Meereshöhe noch Photonen primären Ursprungs vorhanden sind. Weiter hat es sich gezeigt, daß sowohl in Wasser, also auch in Blei und Eisen, die Anzahl der Schauer mit der Dicke der durchlaufenen Schicht in gleichem Maße abnimmt wie die Primärstrahlung und die Ionisation (Abb. 3 u. 4).

Gleichzeitig wollen wir nun auf die 5. Frage eingehen, denn bei den Versuchen über die Abnahme der Strahlung wurde gefunden, daß unter dicken Schichten die Absorptionskoeffizienten der Masse proportional sind (Abb. 2) (*5*). Man muß dabei aber notwendig unter Schichten von mindestens 400 g/cm^{-2} messen, weil man es sonst nicht mit einer homogenen Strahlung, welche mit ihren Produkten im Gleichgewicht ist, zu tun hat. Das Resultat der Messung ist, wenn $\mu = 2 \cdot 30 \log \frac{J_1}{J_2}$ genommen wird:

$\mu \cdot 10^{-5}$ cm^{-1} $p \cdot$ g/cm^{-2} Zwischen 400—700 g/cm^2	Primären	Schauer	Ionisation
Blei	38	43	41
Eisen	46	42	44
Wasser	47	38	43

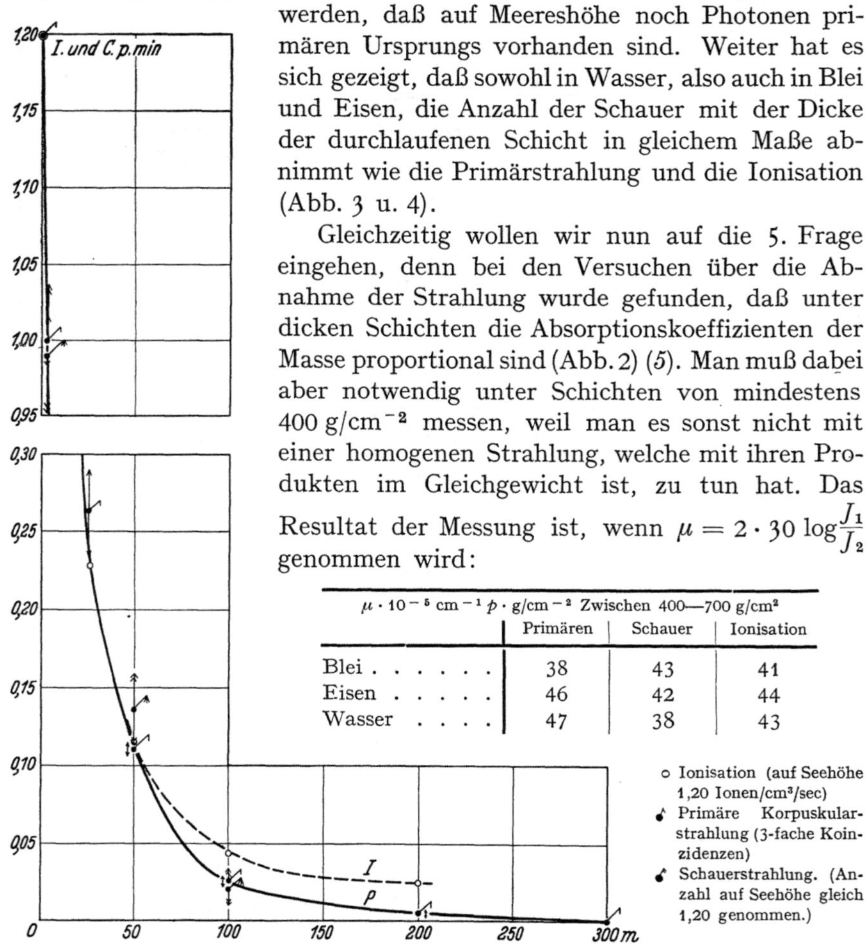

Abb. 1. Abnahme der Kosmischen Strahlung in tiefem Wasser (Bergeni Norwegen).

Die Tatsache, daß die Absorption der Masse proportional gefunden wurde, ist ein neuer Beweis für die korpuskulare Natur der Strahlung.

Wenn wir nun diese Absorptionskoeffizienten vergleichen mit denen, welche wir durch Messung im Flugzeug bis 5000 m Höhe für die Atmosphäre gefunden haben (*6*), dann stellt sich heraus, daß die

Abnahme in der Atmosphäre ungefähr zehnmal größer ist, nämlich 0,0038$p \cdot$ g/cm^{-2} (*6*). Das bedeutet, daß die Strahlung, welche in der

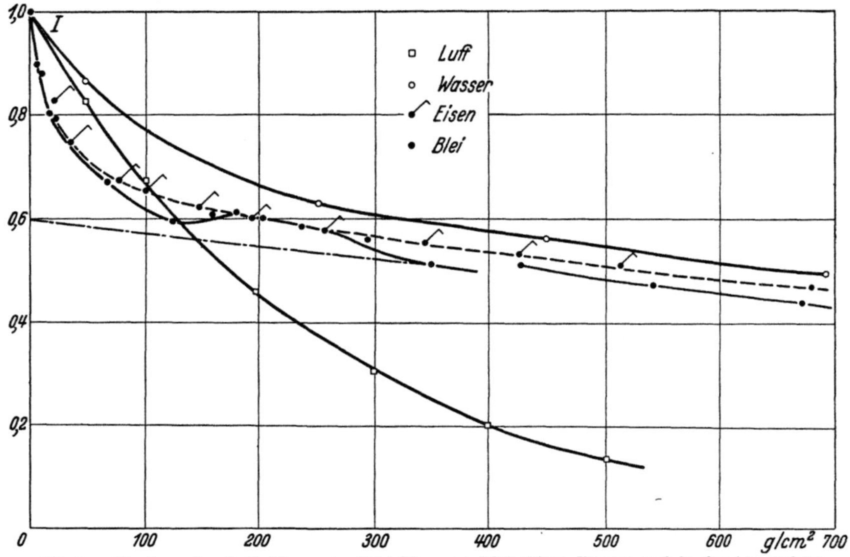

Abb. 2. Abnahme der Ionisation unter Schichten von Blei, Eisen, Wasser und in der Atmosphäre.

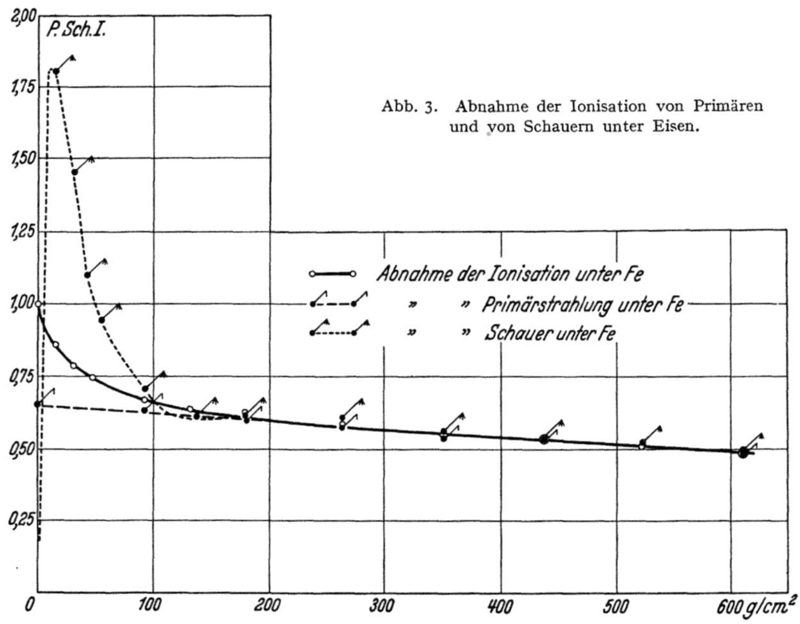

Abb. 3. Abnahme der Ionisation von Primären und von Schauern unter Eisen.

Atmosphäre gefunden wird, unmöglich als sekundäres Produkt der primären Strahlung angesehen werden kann, welche durch dicke

Schichten von Wasser oder Blei hindurchdringen. Die Möglichkeit, daß der Stickstoff der Atmosphäre vielleicht eine abnormale

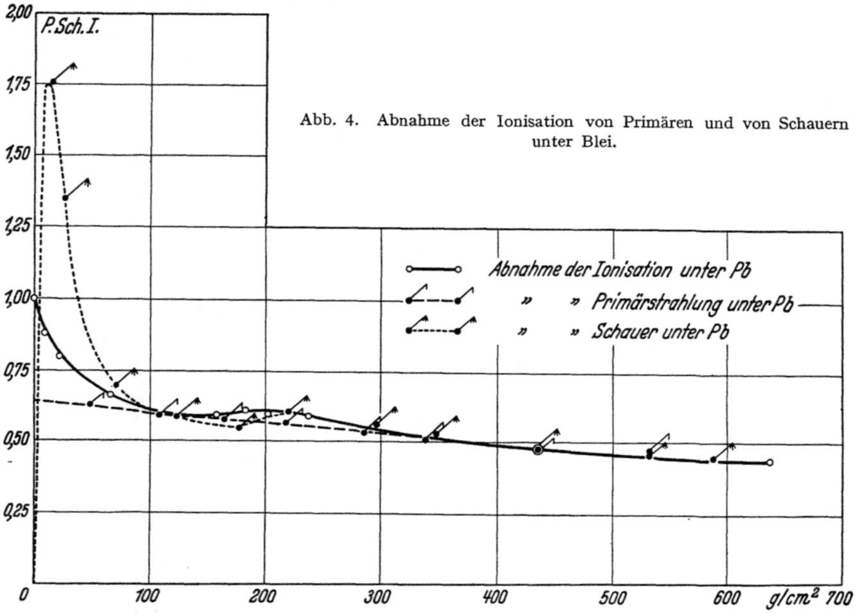

Abb. 4. Abnahme der Ionisation von Primären und von Schauern unter Blei.

Wirkung auf die Strahlung haben könnte, darf nach Absorptionsmessungen in Harnstoff von 60 cm Schichtdicke (46% N) als aus-

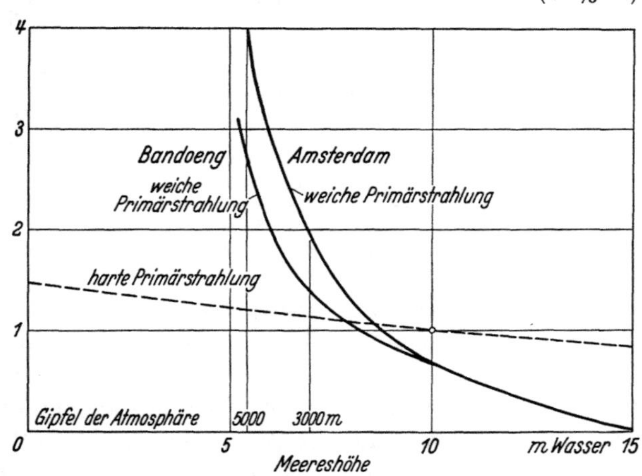

Abb. 5. Abnahme von harten Primären (– – –) und von weichen Primären (———) in der Atmosphäre und unter Wasser bis 15 m.

geschlossen betrachtet werden (7). Es muß also neben der harten, durchdringenden Strahlung, welche bis zu 300 m Wasser durchdringt, noch eine weiche primäre Strahlung bestehen, die durch 14 m Wasser nahezu wegabsorbiert wird (Abb. 5). Die Unterscheidung von zwei primären unabhängigen Strahlenarten war schon aus anderen Erscheinungen von ROSSI (*1*) und von AUGER (*8*) abgeleitet worden.

Bei den Messungen auf dem Schiff „Tajandoen" zwischen Amsterdam und Colombo wurde nun die Beobachtung gemacht, daß bei zwei

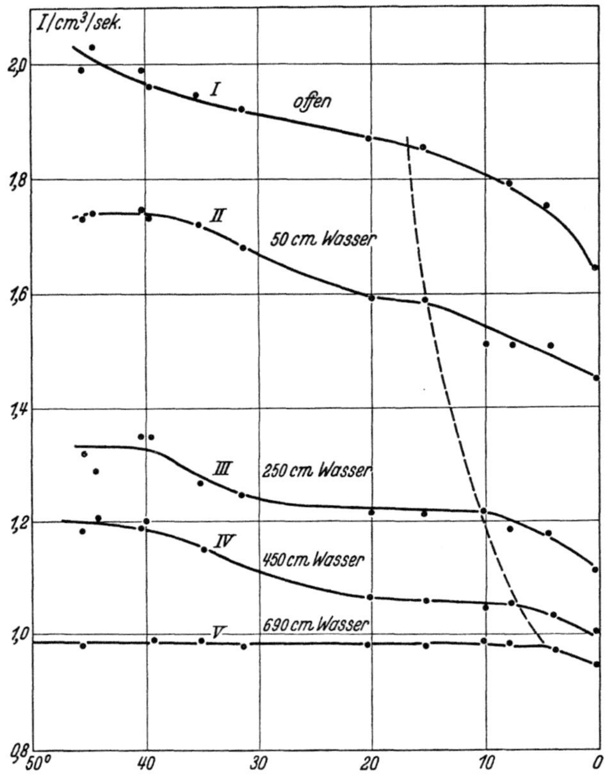

Abb. 6. Abnahme der Ionisation mit der geomagnetischen Breite und unter verschiedenen Wasserschichten.

verschiedenen magnetischen Breiten, ungefähr 45° und 17°, eine Verminderung der Strahlungsintensität mit abnehmender magnetischer Breite einsetzt, wobei sich diese kritischen Breiten bei Messungen unter Wasser verschieben (Abb. 6) (*9*). Das kann bedeuten, daß für die eine Strahlung der Durchdringungswert für die Atmosphäre $4 \cdot 10^9$ eV ist; diese Strahlung wird die harte genannt und kann möglicherweise aus Protonen bestehen; weiter, daß die zweite Strahlung, welche die weiche genannt wird, eine Energie von $12 \cdot 10^9$ für die Durchdringung der Atmosphäre braucht. Diese besteht vielleicht aus Elektronen, welche, wie wir aus WILSON-Kammer-Aufnahmen von ANDERSON (*10*) und in der letzten

Zeit besonders von LEPRINCE-RINGUET (*11*) und von BLACKETT und BRODE (*12*) wissen, positiv und negativ sein können. Durch Extrapolierung der Absorptionsmessungen unter dicken Schichten auf das nicht gepanzerte Gefäß schätzen wir, daß auf Meereshöhe ungefähr 60% der Ionisation von der harten Strahlung stammt und 40% von der weichen. COMPTON und BETHE (*13*) haben früher schon auf die Möglichkeit von verschiedenen Teilchenarten hingewiesen.

Wir wollen jetzt die Voraussetzung machen, daß die Strahlen eine Reichweite haben, welche der Energie proportional ist, und ferner, daß sie eine exponentielle Energieverteilung haben. Dann finden wir aus dem Absorptionskoeffizienten $= 0{,}0035\, p \cdot \text{cm}$ Wasser und der Reichweite 10 m Wasser für $12 \cdot 10^9$ eV, daß die mittlere Energie $E_0 = 3{,}5 \cdot 10^9$ eV beträgt, und die weichere Strahlung würde dann gegeben durch die Formel:

$$N = N_0 e^{-\frac{E}{3{,}5 \cdot 10^9}}.$$

Die Verteilungsfunktion für die harte Strahlung wurde früher abgeleitet mit einer mittleren Energie von $3 \cdot 10^{10}$ eV (*14*). Dies wurde erhalten aus dem Absorptionskoeffizienten $\mu_H = 0{,}00020\, p \cdot \text{cm}$ Wasser, welchen REGENER (*15*) für die Strahlung unter 80 m Wasser angegeben hat. Aus unseren Messungen unter 100 m Wasser, sowohl mit Ionisationskammer als auch mit Zählrohr, finden wir jedoch für μ_H den Wert 0,00011 (*4*), in Schichten von 0 bis 100 m Wasser dagegen $\mu_H = 0{,}00040$. Es kann also sein, daß wir es mit zwei Gruppen von harten Teilchen einer mittleren Energie von $35 \cdot 10^9$ eV und $100 \cdot 10^9$ eV zu tun haben.

Wenn wir aus den unter Wasser gemessenen Intensitäten die Intensitätswerte dieser beiden harten Komponenten auf Meereshöhe berechnen, würde die eine härteste Komponente auf Meereshöhe 10% des Totalwertes betragen, die zweite 50%, so daß der weichen primären Strahlung 40% zugeschrieben werden müssen.

Für die Veränderung der Intensität auf Meereshöhe mit der magnetischen Breite würde man zwischen 45° und 0° theoretisch einen Wert von 33% erwarten. Es wurde 18% Intensitätsveränderung gemessen. Es gibt also in diesem Gebiet noch viel Unsicherheit.

Merkwürdigerweise läßt sich aber jetzt sehr gut erklären, daß auf größeren Höhen ein viel größerer Effekt gefunden werden muß. Es wurde auf Grund der oben angegebenen Verteilung der weichen und harten Strahlung der Effekt zwischen Amsterdam (53° N) und Bandoeng (18° S) für 4000 m resp. 15000 m Höhe berechnet. Für den Absorptionskoeffizienten der weichen Primären nehmen wir $0{,}0035\, p \cdot \text{cm}$ Wasser. Für 6,25 m Wasser unter dem Gipfel der Atmosphäre ist die zugelassene Energiegrenze $7{,}5 \cdot 10^9$ eV (die magnetische Grenze ist dort niedriger, nämlich $3 \cdot 10^9$ eV). Nun ist in Amsterdam die totale Ionisation auf dieser Höhe das fünffache des Wertes auf Meereshöhe. Der letztere ist 0,19 I_0 (I_0 bedeutet die Intensität der weichen Komponente am Gipfel der Atmosphäre), und zwar beträgt der weichere Anteil 0,007 I_0 und der harte 0,012 I_0. Die harte Strahlung ist in der Höhe auf 0,015 I_0 gestiegen, indem die totale Strahlung sich auf 0,095 I_0 berechnet.

In Bandoeng ist die harte Strahlung um 33% kleiner, also 0,010 I_0, und der totale Wert wird auf 0,042 I_0 berechnet. Der Unterschied zwischen den beiden, verglichen mit dem Wert in Amsterdam, ist 55%. Die gemessenen Werte für die Ionisation waren 11,4 Ionen und 6,5 Ionen, und der prozentuelle Unterschied 43% (*6*).

Für 15 km Höhe, wo der Druck 20 mm Hg beträgt, haben wir theoretisch für die weiche Primärstrahlung folgendes zu erwarten: In Amsterdam ist die magnetische Grenze etwa $3 \cdot 10^9$ eV, der Widerstand der Atmosphäre $2{,}6 \cdot 1{,}2 \cdot 10^9$ eV $= 3{,}1 \cdot 10^9$ eV; für Bandoeng wieder $12 \cdot 10^9$ eV. In 15 km Höhe wird also:

$$I_{50} = I_0 e^{-\frac{3{,}1 \cdot 10^9}{3{,}5 \cdot 10^9}} = 0{,}41\, J_0,$$

$$I_{18} = I_0 e^{-\frac{12 \cdot 10^9}{3{,}5 \cdot 10^9}} = 0{,}032\, J_0.$$

In dieser Höhe wird die harte Strahlung in 50° m.Br. ungefähr 0,020 I_0, und in 18° m.Br. 0,015 I_0 sein. Die totalen Werte sind also 0,43 I_0 und 0,047 I_0. Der Unterschied, ausgedrückt in dem Wert für 50° m.Br., ist daher 89%.

In dieser Höhe wurden von Regener, wie er mir brieflich mitteilte, in Stuttgart 108 Ionen gefunden, während ich in Bandoeng nur 12 Ionen fand (*16*), eine Abnahme, welche mit der berechneten zufällig genau übereinstimmt. Als ich damals in Java diesen kleinen Wert fand, habe ich gezögert, ihn zu veröffentlichen, weil er beinahe unbegreiflich war. Nach dem Vorhergehenden darf man jetzt aber wohl sagen, daß die Sache stimmen kann. Die Übereinstimmung ist sogar besser als auf Meeresniveau, wo wir die Unsicherheit haben, ob man mit zwei Komponenten rechnen muß, und wo es auf das angenommene Verhältnis zwischen weich und hart ankommt. Auf größeren Höhen spielt die harte Strahlung nur eine kleine Rolle. Bemerkenswert ist, daß jetzt auch vollkommen verständlich wird, wie Cosyns (*17*) bei 49° m.Br. auf einmal bei Veränderung der magnetischen Breite auf 15 km Höhe solch eine große Veränderung in der Strahlungsintensität finden konnte. Auf dieser Breite ist die magnetische Energiegrenze $3 \cdot 10^9$ eV, also der für die Durchdringung der Atmosphäre bis auf 15 km Höhe nötigen Energie ungefähr gleich. Wenn man also in dieser Höhe nach niedrigeren Breiten geht, nimmt die Strahlung ab, weil die magnetische Energiegrenze zunimmt, und zwar läßt sich mit der oben angegebenen Formel diese Abnahme auf 7% pro Grad berechnen, in guter Übereinstimmung mit COSYNS Daten.

Ob nun die Strahlen positiv oder negativ geladen sind, oder beides, wird man in der Zukunft durch WILSON-Kammer-Experimente, wie oben genannt, sehen können, aber man kann es auch feststellen durch eine Kombination von Breitenvariation- mit Asymmetriemessungen bei Normalabsorption (*18*). Im Jahre 1933 fanden wir, daß von allen Teilchen, deren Energie zwischen $1 \cdot 10^{10}$ und $2 \cdot 10^{10}$ eV liegt, $^2/_3$ positiv und $^1/_3$ negativ geladen sind.

Wir hatten im vorigen Jahr die Absicht, durch eine Expedition von Amsterdam durch den Panamakanal nach Chile eine genauere Untersuchung dieser Verhältnisse durchzuführen. Es stellte sich aber heraus, daß die magnetischen Störungen im Gebiet des magnetischen Äquators (Küste von Peru und Ekuador) dies unmöglich machten (*19*). Überdies hofften wir, durch diese Expedition zu einer besseren Bestimmung der Energieverteilung zu kommen, indem durch Zählrohrmessungen in vertikaler Richtung nach Angabe von Dr. ZANSTRA (*20*) ausgeführt wurden. Die Genauigkeit der Zählrohrmessungen wurde aber durch die Hitze ungünstig beeinflußt, so daß wir besser aus den gefundenen Werten keine definitiven Schlüsse ziehen wollen.

Bis heute haben wir in dem regelmäßigen Ionisationszuwachs, der auf dem Indischen Ozean (*21*) beobachtet wurde, und der durch den Longitudinaleffekt bedingt ist, eine Andeutung dafür, daß zwischen engen Grenzen eine kontinuierliche Energieverteilung anwesend sein muß. Aus Messungen längs des Äquators hat MR. BRUINS eine mittlere Energie von $3{,}6 \cdot 10^{10}$ eV abgeleitet, (wie bald veröffentlicht wird).

Wie findet nun die Umwandlung der primären Korpuskularstrahlen durch die Materie statt?

Anläßlich einer früheren Gelegenheit (*22*) haben wir angegeben, daß eine nichtionisierende Zwischenstrahlung zwischen der Primärstrahlung und den Schauern existieren muß, ferner daß das Endprodukt der Strahlung vollkommen isotrop sein muß (*23*). Nachdem nun sicher ist, daß zwei verschiedene unabhängige Arten von Primärstrahlung bestehen, haben wir uns die Frage gestellt, ob die weiche Komponente auch eine nichtionisierende Zwischenform hat, ehe sie Schauer erzeugt. Wir können diese Frage mit Sicherheit verneinen (*24*).

Wir haben weiter die Zahl der Schauer unter Eisen und Blei gemessen und die Resultate in den beigegebenen Kurven niedergelegt (Abb. 7). Es stellt sich heraus, daß nicht nur unter Blei, wie zuerst von ACKERMANN (25) gefunden, sondern auch unter Eisen ein zweites Maximum zu finden ist. Wir deuten das so, daß das erste Maximum durch die weiche und das zweite durch die harte Komponente verursacht wird. Aus dem Absorptionskoeffizienten der harten Komponente der Primärstrahlung und der Stelle des Maximums kann der Absorptionskoeffizient der Schauer gefunden werden. Wenn nun die Anzahl der Schauer infolge der harten Komponente abgezogen wird, bleibt die Anzahl der Schauer der weichen Primären übrig. Aus dem Abfall der rechten Seite der Kurve und der Stelle des Maximums kann der Absorptionskoeffizient der weichen Schauer gefunden werden (*26*).

Man erhält auf diese Weise, wenn μ_H der Absorptionskoeffizient der primären genannt wird, und ν_H derjenige der Schauer (*26*):

	μ_H	ν_H	μ_S	ν_S
Eisen . . .	0,0035	0,13	0,22	0,42
Blei	0,0048	0,17	0,35	2,0

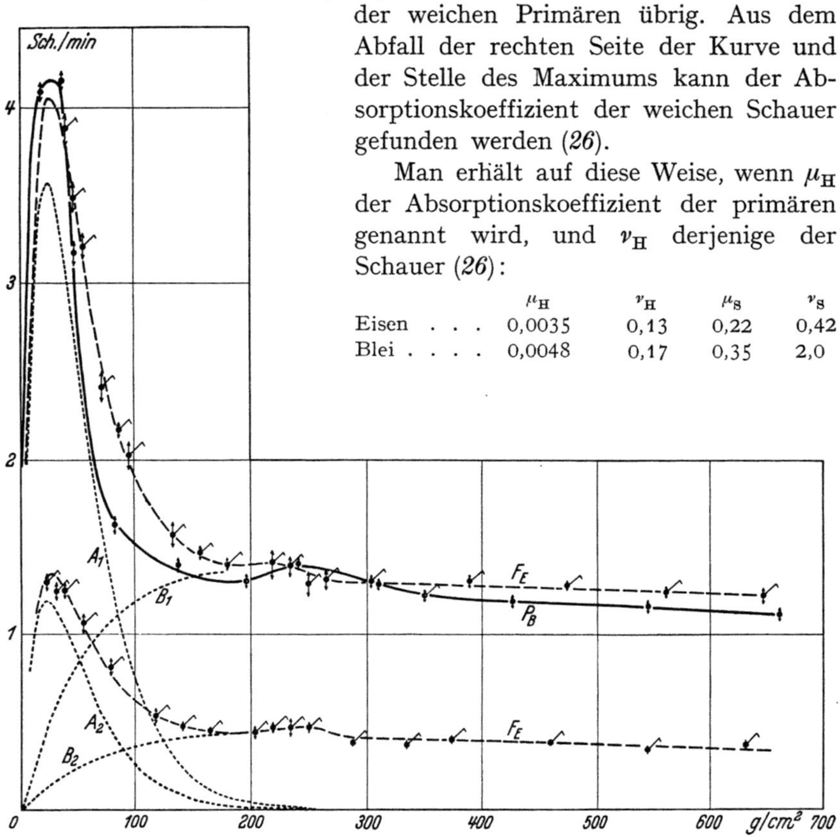

Abb. 7. Anzahl von Schauern unter Schichten von Eisen (— - —) und Blei (——- -). Unter Eisen wurde gemessen in zwei Zylindern von verschiedener Größe. Die punktierten Linien (• • • •) geben die berechnete Zahl ausgelassener Schauer, weicher Primären (A_1 und A_2) und harter Primären (B_1 und B_2) an.

Diese Koeffizienten μ_S stimmen überein sowohl mit denjenigen, welche man aus der Abnahme der Ionisation in dünnen Schichten für die weichen Primären ableiten kann, als auch mit den Resultaten über Absorption in dünnen Schichten zwischen Zählern. Wir glauben deshalb sicher zu sein, daß der Abfall auf der rechten Seite des ersten Schauermaximums mit der Abnahme der weichen Primären identisch ist (*24*).

Woher kommen nun die primären Strahlen? Wir denken, daß im Augenblick nur die Hypothese von Baade und Zwicky (*27*) eine Möglichkeit der Prüfung zuläßt. Die Autoren haben sich im besonderen auf die Beantwortung dieser Frage eingestellt, falls die Strahlung aus Elektronen besteht. Aus einer Arbeit von Dr. H. ZANSTRA (*28*), die annimmt, daß es Protonen sein können, scheint hervorzugehen, daß letztere wahrscheinlich experimentell leichter nachgewiesen werden können. Wir sind seit einiger Zeit damit beschäftigt, haben aber noch keinen Beweis dafür gefunden.

Literatur.

1. ROSSI, B.: Paper London Conf., 233, 1934.
2. AUGER, P., et P. EHRENFEST: J. Physique et Radium (7) **6**, 255 (1935).
3. STREET, J. C., R. H. WOODWARD and C. STEVENSON: Physic. Rev. **47**, 891 (1935).
4. CLAY, J., and P. H. CLAY: Physica **2**, 1042 (1935).
5. CLAY, J.: Physica **3**, 332 (1936).
6. CLAY, J., and P. M. v. ALPHEN: Physica **2**, 183 (1935).
7. CLAY, J., J. T. WIERSMA and E. M. BRUINS: Physica **3**, 628 (1936).
8. AUGER, P.: J. Physique et Radium (7) **6**, 226 (1935).
9. CLAY, J.: Physica **2**, 299 (1935).
10. ANDERSON, J.: Physic. Rev. **43**, 368 (1933).
11. LEPRINCE-RINGUET, L.: J. Physique **77**, 70 (1936).
12. BLACKETT, P. M., and E. BRODE: Proc. roy. Soc. Lond. **154**, 573 (1936).
13. COMPTON, A. H. and H. A. BETHE: Nature (Lond.) **134**, 734 (1934).
14. CLAY, J.: Proc. roy. Soc. Amsterd. **35**, 1282 (1932).
15. REGENER, E.: Z. Physik **34**, 306 (1932).
16. CLAY, J.: Physica **1**, 363 (1934).
17. COSIJNS, M.: Nature (Lond.) **137**, 616 (1936).
18. CLAY, J.: Physica **2**, 861 (1935).
19. CLAY, J., E. M. BRUINS and J. T. WIERSMA: Physica **3**, 746 (1936).
20. ZANSTRA, H.: Naturwiss. **22**, 171 (1934).
21. CLAY, J., P. M. v. ALPHEN and C. G. 'T HOOFT: Physica **2**, 829 (1934).
22. CLAY, J., and P. H. CLAY: Physica **2**, 551 (1935).
23. CLAY, J.: Physica **2**, 111 (1935).
24. CLAY, J., and A. v. GEMERT: Physica **3**, 763 (1936).
25. ACKERMANN, M.: Z. Physik **94**, 303 (1935).
26. CLAY, J., A. v. GEMERT and J. T. WIERSMA: Physica **3**, 627 (1936).
27. BAADE, W., and F. ZWICKY: Proc. nat. Acad. Sci. U.S.A. **20**, 254 (1934).
28. ZANSTRA, H.: Physica **3**, 605 (1936).

Analyse de quelques propriétés des portions dure et molle des rayonnements cosmiques.

Par PIERRE AUGER-Paris.

Avec 9 figures.

Décomposition des rayons cosmiques en deux groupes.

Quelque soit le dispositif détecteur que l'on emploie si l'on étudie l'absorption des rayons cosmiques par la matière, on ne peut manquer d'être frappé par la division en deux portions bien différentes des courbes obtenues. Ainsi, avec le plomb, jusqu'à une huitaine de centimètres la chute d'intensité est rapide, et prend ensuite une allure beaucoup plus lente. De là à attribuer ces effets à deux portions distinctes du rayonnement, il n'y a qu'un pas, et nous avons ainsi défini tout à fait empiriquement, en tout lieu, les deux groupes de rayonnements que nous nommerons simplement groupe mou (M) et groupe dur (D), puisque nous ne savons rien d'autre sur eux. Nous verrons que le groupe dur est sans doute corpusculaire et que le groupe mou contient des corpuscules et peut être aussi des photons ou d'autre rayons non ionisants. Si nous voulons préciser cette notion, nous passerons en revue les méthodes de mesure des coefficients d'absorption de ces groupes dans la matière. Nous ne faisons pour commencer aucune hypothèse sur les relations possibles de ces deux rayonnements, ni sur leur origine primaire ou secondaire.

Absorption de milieu, absorption locale.

Si nous déplaçons simplement un appareil de mesures de manière à faire varier l'écran total traversé par les rayons depuis le sommet de l'atmosphère jusqu'au lieu d'observation, la courbe d'intensité obtenue présentant une décroissance générale au cours de la descente dans le sein de la matière, peut être analysée en une série de composantes exponentielles parmi lesquelles nous reconnaîtrons dans les deux plus importantes au niveau de la mer, des composantes qui sont à rapprocher de nos groupes M et D. Les milieux dans lesquels on a ainsi descendu les appareils sont l'air, l'eau, le sol, et aussi divers métaux, plomb, fer, aluminium. Nous ferons généralement la réduction en mètres d'eau équivalents de l'ensemble de l'écran E (air, eau et sol) traversé depuis le sommet de l'atmosphère, ainsi $E = 10$ désigne le niveau de la mer. Ces méthodes mesurent la décroissance de tous les rayonnement, corpuscules ou photons, ceux-ci agissant par leurs effets secondaires ionisants.

Une autre méthode consiste à utiliser des compteurs à coïncidences placés les uns au dessus des autres et à placer les écrans entre les compteurs (Bothe, Geiger); dans ce cas, on obtient une analyse essentiellement locale du pouvoir pénétrant des groupes de rayons, et ceci pour les rayons corpusculaires seuls ainsi qu'il est admis généralement. On distingue nettement les deux groupes sur cette courbe (Rossi) et on peut évaluer leur intensité relative (nombre de corpuscules en un temps donné). On pourra aussi comparer ces valeurs locales pour des lieux différents, et on verra varier dans de larges proportions ces intensités relatives. Ainsi, dans des conditions convenablement choisies, on peut donner à l'une de ces portions, D, une prépondérance numérique très marquée, et par conséquent en faire l'étude sans être gêné par l'autre; il suffit de faire traverser aux rayons cosmiques un écran total assez important pour absorber le groupe M, ce qui est pratiquement réalisé après 30 mètres d'eau au total. Pour obtenir la prépondérance de M, il faut au contraire s'élever dans l'atmosphère, et vers 3.500 mètres d'altitude, on a déjà avec 50% de M la possibilité d'une étude aisée. La combinaison de ces deux types d'absorption, absorption de milieu, absorption locale, nous donne différents procédés d'évaluation des coefficients correspondant aux groupes M et D.

a) Distinction des groupes M et D dans l'analyse de la courbe globale de décroissance des rayons cosmiques par absorption de milieu.

b) Mesure de l'intensité locale des deux groupes, soit entiers, soit de la partie corpusculaire seule, et comparaison de ces intensités en des lieux où E est différent.

c) Distinction et mesure des coefficients des rayons corpusculaires de M et D, localement, par écrans interposés entre compteurs.

Nous devrons ensuite confronter ces résultats et tâcher d'en tirer un système cohérent.

Groupe D.

I. Absorption de milieu. L'analyse des courbes de décroissance dans l'air et l'eau obtenues par REGENER, KOLHÖRSTER, CLAY, etc., ont conduit à considérer une composante dure, de coefficient $\mu/\varrho = 0{,}7 \cdot 10^{-3}\ \mathrm{cm}^2/\mathrm{gr}$. Une ou même deux composantes plus dures encore lui feraient suite et ne se montrent avec évidence qu'aux très grandes profondeurs, d'eau ou de sol. Si l'on mesure en chaque lieu l'intensité du groupe D par l'analyse de la courbe locale d'absorption, on peut également évaluer le coefficient de décroissance de ces corpuscules, et ainsi vérifier et préciser les valeurs précédentes. Ainsi les mesures du groupe D effectuées par nous aux lieux suivants:

$E = 6$	Laboratoire du Jungfraujoch, 3.500 m
$E = 10$	Tour astronomique du Lab. Chimie Physique, Paris
$E = 11{,}5$	Casemate cimentée de l'Institut de Biologie
$E = 30$	Salle souterraine de l'Institut de Biologie
$E = 75$	Portion des catacombes à Paris

ont donné les 4 valeurs (stations 6, 10, 30, 75):

$$108, \quad 75, \quad 28, \quad 5,$$

correspondant aux 3 coefficients μ/ϱ, évalués entre les stations:

$$(1 \quad 0{,}5 \quad 0{,}35) \cdot 10^{-3}\ \mathrm{cm}^2/\mathrm{gr}.$$

Ces chiffres résultant de mesures directes sont en accord suffisant avec ceux provenant de l'analyse.

L'analyse a été faite aussi avec des écrans sur chambre d'ionisation (STEINKE, SCHINDLER, etc.). La partie des courbes d'absorption qui suit 10 cm de Pb est relative à D. Il faut remarquer ici que les écrans sont formés de matériaux de poids atomiques z très divers, de telle sorte qu'on peut étudier les variations du coefficient μ/ϱ avec z.

II. Absorption locale. Les courbes obtenues en plaçant des écrans entre des compteurs montrent après 8 cm de plomb une lente décroissance attribuable à D (Rossi). Le coefficient pour le plomb est de l'ordre de 10^{-3} cm²/gr, comme celui trouvé pour l'air par l'absorption de milieu. D'ailleurs, des mesures précises (Alocco, Street, Woodward et Stephenson) faites pour comparer le plomb et le cuivre ont montré une indentité complète des μ/ϱ pour ces corpuscules ayant traversé 9 cm de plomb, c'est à dire pour le groupe D.

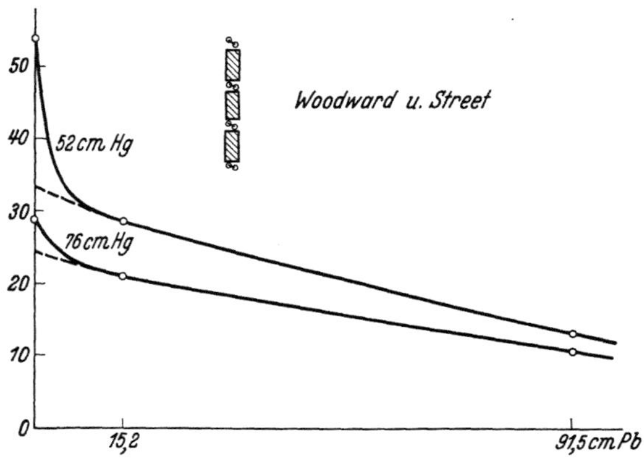

Fig. 1.

Des mesures faites sur le plomb entre 6 cm et 1 m (Woodward et Street) en deux points $E = 10$ et $E = 6$ ont donné des μ_D/ϱ légèrement différents, les rayons durcissant en descendant dans l'atmosphère (fig. 1). Ceci est en plein accord avec nos mesures.

Ainsi, on peut dire que le groupe D est formé de corpuscules présentant une absorption massique et dont le coefficient μ_D/ϱ décroît de 1 à 0,3 (10^{-3} cm²/gr) au fur et à mesure de leur pénétration de 6 m à 75 m d'eau; il continue peut être encore à décroître jusqu'à disparition. Nous reviendrons plus loin sur les autres propriétés de ce groupe, formation de gerbes, répartition angulaire.

Groupe M.

I. Absorption de milieu. Dans l'analyse de la décroissance générale atmosphérique, divers auteurs ont distingué une composante molle, dont le coefficient allait de 4 à $8 \cdot 10^{-3}$ suivant les modes d'analyse. Le chiffre de $5 \cdot 10^{-3}$ paraît pouvoir être adopté pour la décroissance du groupe mou dans l'air. Ce groupe peut être formé de corpuscule et de photons. Si l'on recherche les corpuscules, par compteurs, on voit qu'une fois l'atmosphère traversée, il ne reste déjà plus que 25% de M dans l'ensemble des corpuscules ($M + D$), et si l'on continue l'absorption dans l'eau, on voit qu'après quelques mètres d'eau seuls les corpuscules D restent présents. D'autre part, la croissance de l'intensité des corpuscules de M dans la haute atmosphère est très rapide, au moins jusqu'à $E = 2$ (REGENER). Nous avons pu vérifier qu'après 8 m de sol ($E = 30$) il ne restait plus de corpuscules du groupe M caractérisées décelables. Une petite quantité de rayons corpusculaires mous accompagne cependant le groupe D, mais on peut les considérer comme entièrement secondaires de celui-ci (gerbes), comme nous le verrons plus loin.

Si on prend les valeurs résultant de l'analyse de la courbe d'absorption locale en différents points (faits par ROSSI, nous-mêmes[1], WOODWARD et STREET, etc.), on arrive à des résultats concordants, au moins pour autant que les mesures d'intensité faites en des lieux divers sont absolument comparables entre elles; en effet, voici les nombres des corpuscules rapportés aux mêmes dispositions géométriques dans les lieux caractérisés par les valeurs de E: 6; 10; 11,5; 30 et 75:

96 21 14 (2?) (0,3?)

Les nombres n'ont plus le même sens dans les deux derniers cas, car on peut admettre qu'il n'y a plus de groupe M. On peut donc estimer que le coefficient $4{,}5 \cdot 10^{-3}$ convient à cette seconde analyse, pour caractériser le μ/ϱ de M dans l'air ou l'eau.

Les mesures ont aussi été faites par écrans superposés à des chambres d'ionisation (STEINKE) et ont montré pour les métaux employés: Pb, Fe, Al, une valeur de l'absorption des rayons mous très grande, et variable avec la nature de l'écran. Les différences entre les courbes obtenues ainsi et celles trouvées avec les compteurs peuvent s'expliquer parce que dans le premier cas les photons, s'il y en a, sont mesurés avec les corpuscules, tandis que dans le second les corpuscules seuls interviennent.

II. Absorption locale. Cette analyse donne surtout des résultats intéressants en haute altitude où le groupe mou est abondant, par exemple au Jungfraujoch, où il y a 50% de corpuscules M dans $M + D$.

La supposition d'un effet de la charge des noyaux sur l'absorption des rayons des groupes mous nous[1] a conduit à rechercher cet effet dans la portion corpusculaire de ce groupe et à faire les courbes d'absorption avec des écrans entre compteurs sur différents éléments: plomb, étain, cuivre, aluminium, dont les numéros atomiques sont respectivement 82, 50, 29 et 13. Des courbes obtenues (fig. 2), on peut tirer des coefficients μ_M/ϱ variables suivant le métal, et si l'on forme la grandeur $\mu/\varrho\ A/Z$ dans chaque cas (A: poids atomique, Z numéro atomique) on trouve une variation du simple au double de Al à Pb (de 38 à 70 10^{-3} cm²/gr). Nous avons tenté de représenter grossièrement les valeurs de $\mu/\varrho\ A/Z$ par une formule $a + bz$, où a et b sont des constantes, de l'ordre de $2{,}5 \cdot 10^{-2}$ et $0{,}06 \cdot 10^{-2}$ respectivement. Sur la fig. 3, les

[1] AUGER, LEPRINCE-RINGUET, P. EHRENFEST, A. ROSENBERG.

points relatifs au plomb, étain, cuivre montrent une décroissance de $\mu/\varrho\ A/Z$ en fonction de Z. Le point de l'aluminium paraît assez

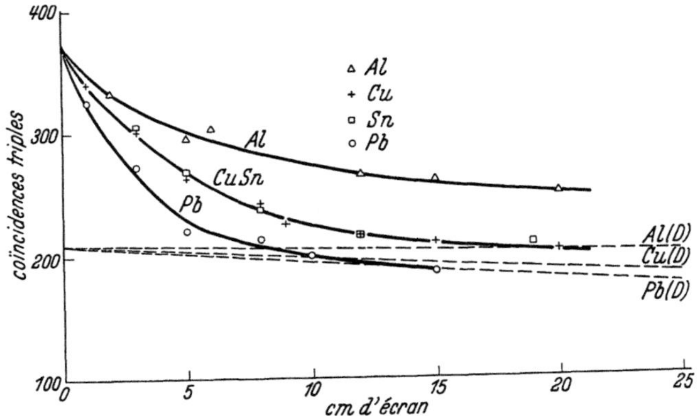

Fig. 2.

aberrant, mais nous en avons tenté une explication, basée sur le rôle des rayons secondaires, conduisant à la valeur notée (Al) sur la figure.

Il semble, malgré l'imprécision de ces résultats, que l'on soit amené à constater une répercussion de la charge du noyau sur l'absorption de ces rayons corpusculaires mous, alors que la fraction dure présente un μ/ϱ sensiblement constant dans toute matière.

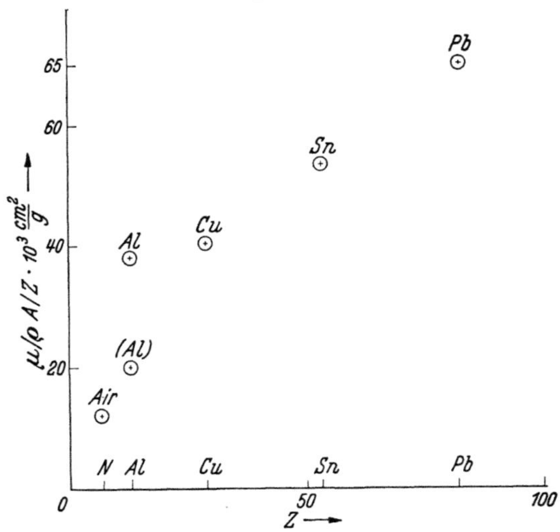

Fig. 3.

Il faut maintenant, pour préciser cet ensemble, envisager l'effet des rayons secondaires.

Rayons secondaires.

I. Cohérence. La seule propriété spécifique des rayons secondaires est leur cohérence, c'est à dire leur apparition simultanée avec celle des primaires qui leur donnent naissance ou avec celle d'autres secondaires de même provenance. C'est par l'analyse de cette cohérence que nous pouvons espérer distinguer les portions éventuelles de M et de D qui sont secondaires, de celles qui sont primaires. L'expérience fondamentale dans ce sens est celle de Rossi, dans laquelle des compteurs sont disposés de telle sorte qu'il faille plusieurs rayons simultanés pour les déclancher. Différents dispositifs ont été adoptés, par exemple, nous avons utilisé un système de 4 compteurs en Y exigeant au moins 3 rayons d'origine extérieure au système. Un tel montage, placé à une petite distance sous un écran dense, horizontal et de grande dimension donne un certain nombre de chocs marquant les groupes cohérents de secondaires. Si on l'éloigne au dessous de l'écran, le nombre diminue rapidement. Deux mesures faites au Jungfraujoch, sous une terrasse de ciment ont montré qu'en écartant l'appareil de 50 cm à 1 m 50 de la terrasse, les gerbes enregistrées tombaient à la moitié, les dimensions de l'appareil de mesure étant d'environ 14 cm.

Analyse des clichés WILSON.

Nous avons fait depuis deux ans quelques centaines de clichés de rayons cosmiques à la chambre de WILSON, parmi lesquels on observe un certain nombre de gerbes. Ces clichés sont pris dans des conditions assez diverses décrites dans un travail antérieur, mais toujours avec une chambre à détentes commandée par compteurs, et sans champ magnétique. Nous ne tenons compte ici que des gerbes obtenues au Laboratoire du Jungfraujoch, à 3.500 m d'altitude.

On peut faire sur cet ensemble expérimental quelques mesures, sans doute assez grossières, mais qui peuvent donner une image qualitative du phénomène des gerbes. Ce seront ici des statistiques du nombre de branches composant chaque gerbe, des évaluations de la divergence angulaire moyenne de ces branches, des statistiques de l'angle moyen des trajectoires par rapport à la verticale[1].

Conditions. Les compteurs commandant la chambre (au nombre de 3 ou 4) ont été disposés, soit les uns au dessus des autres, soit avec un déplacement latéral de deux d'entre eux pour favoriser les rayons multiples. Au point de vue de la disposition de la matière absorbante et gerbigène, diverses dispositions ont été employées parmi lesquelles: 1. appareil sous une plaque de plomb de 2 cm d'épaisseur; 2. sous 15 cm de plomb (écran assez étroit, et recouvrant juste la chambre).

Mesures. Les clichés ont été d'abord examinés au point de vue du nombre de trajectoires qu'ils portent, soit n. On n'a pas tenu compte des trajectoires très molles qui accompagnent quelquefois les gerbes. Puis on a mesuré l'angle α de chaque trajectoire avec la verticale, compté positivement d'un côté, négativement de l'autre. (Nous n'avons pas indiqué l'orientation géographique de la chambre qui ne paraît pas jouer de rôle mesurable). Ces angles sont les projections des angles vrais. Les mesures portent sur 94 gerbes, comportant 1.206 rayons.

---

[1] Les résultats paraitront sous une forme détaillée et plus complète au Journal de Physique.

Représentation. On peut alors représenter chaque gerbe par un schéma en portant par rapport aux angles α, le nombre de rayons observés dans des intervalles de 10° à partir de la verticale. Les exemples donnés montrent deux types principaux, les gerbes condensées, dont toutes les branches sont serrées autour d'un axe qui peut être vertical ou oblique (fig. 4, a), et les gerbes diffuses, dont les branches sont réparties dans toutes les directions (fig. 4, b). Un exemple frappant est celui de la fig. 4, c, qui est en fait une sous-gerbe, une

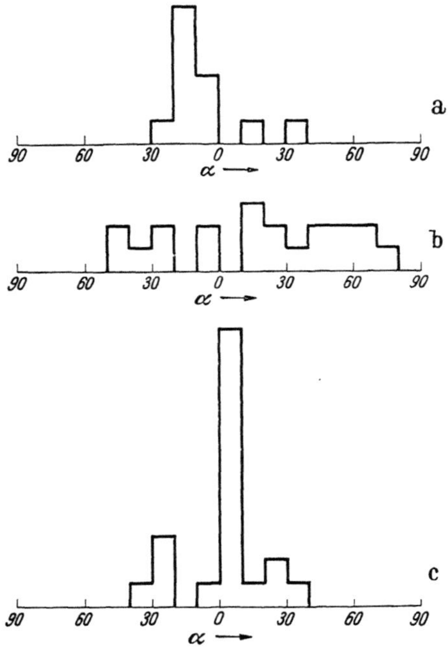

Fig. 4.

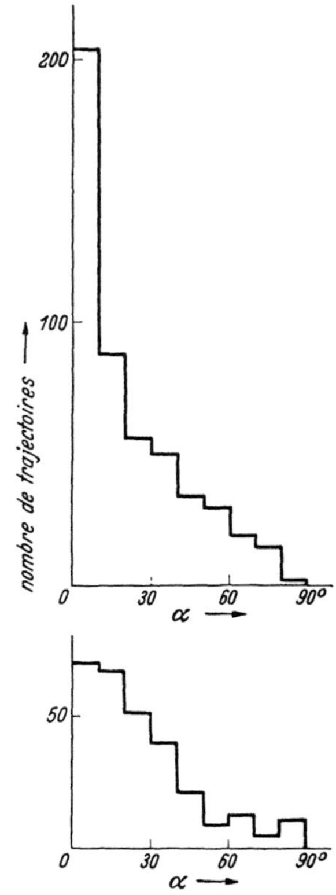

Fig. 5.

fraction de gerbe, et qui est formée de plus de 20 trajectoires divergeant à partir d'un volume initial de quelques millimètres cubes de plomb.

Si l'on superpose les différentes représentations schématiques des gerbes en faisant coïncider les origines, on obtient une image statistique de la répartition angulaire (en projections naturellement) des rayons de gerbes. Elle a été faite pour les groupes des gerbes obtenues dans les conditions 1° et 2° décrites plus haut (fig. 5). On peut constater que les trajectoires de gerbes provenant d'un écran de 2 cm de plomb (écran générateur de gerbes optimum) sont très serrées autour de la verticale, montrant une persistance très marquée de la direction initiale des rayons primaires leur donnant naissance. Un écran de plomb épais de 15 cm, mais peu étendu en surface a eu pour résultat de supprimer le groupe de rayons très voisins de la verticale et de laisser les rayons de gerbes obliques, provenant sans doute en grande partie des bords de l'écran. La proportion de gerbes par rapport aux rayons solitaires est également beaucoup plus petite.

La valeur moyenne de n, nombre moyen de rayons rectilignes dans des gerbes (groupes supérieurs ou égaux à 3), est de 15 en moyenne sous le plomb. Cependant, nous avons photographié des gerbes comportant plusieurs centaines de trajectoires et dont on peut dire qu'elles représentent un choc de HOFFMANN (P. EHRENFEST et P. AUGER).

Divergence moyenne. Pour donner une idée de la divergence moyenne angulaire des gerbes, on peut définir l'axe de la gerbe comme une direction telle que les trajectoires faisant avec elle des angles θ (positifs et négatifs) on ait $\sum \theta = 0$ (les angles considérés étant naturellement les projections des angles vrais). On nomme demi divergence δ d'une gerbe donnée, comportant n branches, la moyenne de la valeur absolue de tous les angles θ.

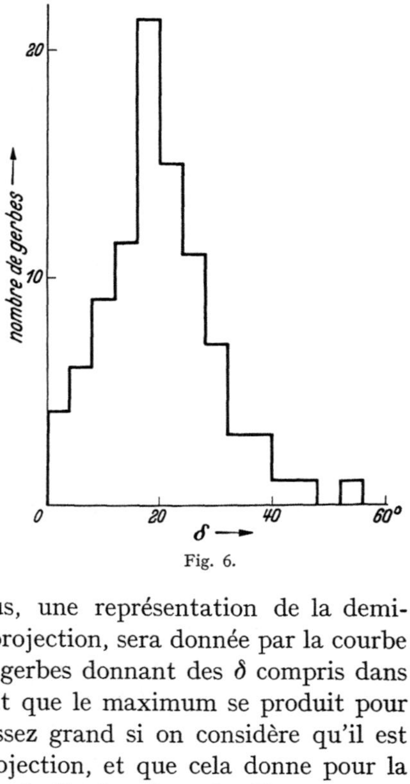

Fig. 6.

L'ensemble des δ étant obtenus, une représentation de la demi-divergence moyenne des gerbes, en projection, sera donnée par la courbe fig. 6 où on a porté les nombres de gerbes donnant des δ compris dans des intervalles de 4° en 4°. On voit que le maximum se produit pour $\delta = 18°$ environ. C'est un angle assez grand si on considère qu'il est une demi-divergence calculée en projection, et que cela donne pour la divergence moyenne réelle un angle de l'ordre de 40°. (Compte tenu du fait que la chambres à détentes présente un volume utile aplati dans un plan vertical.)

Formation des secondaires.

A. Formation massique. Si un rayonnement primaire donne lieu à la formation de secondaires, au cours de la traversée de la matière, et si ces rayons primaires P sont pénétrants et forment des secondaires S moins pénétrants (condition a), on doit s'attendre à la réalisation d'un équilibre de régime entre les primaires et les secondaires. Si l'absorption et la production de ces corpuscules se fait massiquement, la proportion S/P ne variera pas (condition b). Elle sera la même dans l'air ou le plomb. Si l'on analyse le pouvoir pénétrant de l'ensemble $S + P$ dans ces milieux on ne trouvera aucune différence; c'est seulement au point de vue de la cohérence des rayons S et P entre eux que les effets de la concentration géométriques de centres de formation se fera sentir, et que les dispositifs dont nous avons parlé montreront un accroissement dans les matériaux denses. Ainsi, lorsque les conditions a, b sont remplies, le passage d'un milieu léger à un milieu dense donnera un

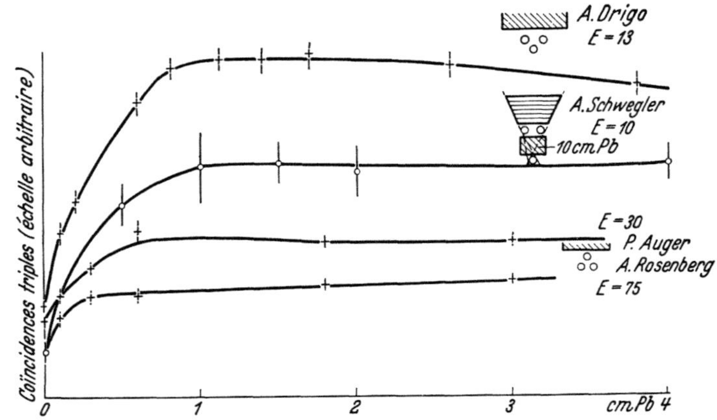

Fig. 7.

accroissement de cohérence, qui se stabilisera lorsque l'épaisseur traversée sera égale au parcours des secondaires, c'est à dire pour une masse superficielle constante (pourvu que le parcours ne soit pas trop grand). Nous avons rencontré la réalisation de ces prévisions dans les salles $E = 30$, et $E = 75$, où le groupe de corpuscules D, pénétrants, est seul, et produit des secondaires d'une façon massique. Voici (fig. 7) les courbes de passage (résultats provisoires) du milieu air dans le milieu plomb. On voit qu'à 30 mètres la saturation s'obtient à 6 mm de plomb; à 75 m pour 3 mm environ; cela indique probablement une diminution de l'énergie des secondaires. D'autre part, le passage air aluminium donne une saturation pour la valeur correspondante de densités d'écrans c'est à dire que l'effet parait dû à une simple concentration géométrique.

Il peut aussi se présenter un cas un peu différent, si les secondaires ont un parcours assez voisin de celui des primaires, c'est à dire si la condition a) n'est pas vérifiée, la condition b) restant vraie. On aura alors toujours équilibre entre primaires et secondaires en tant que nombre, mais les effets de la densité des milieux sur la cohérence seront assez différents. Nous n'aurons plus, en effet, de saturation dans le passage d'un milieu raréfié à un milieu dense, saturation qui se produisait lorsqu'on atteint le parcours des secondaires dans le second milieu. La cohérence doit donc s'accroître jusqu'à ce que les effets de la distance se fassent sentir, c'est à dire assez loin en général, surtout si les angles de divergence sont petits.

Ce cas paraît bien être réalisé effectivement par le groupe dur, comme le montre une expérience faite dans la salle $E = 11,5$. Cette salle est couverte de 60 cm de ciment et de sol (soit 1 m 50 d'eau). L'appareil à gerbes donne déjà sans plomb une valeur assez haute: 11 p. h. On peut obtenir une courbe de Rossi encore assez nette. Si on ajoute une couche de 6 cm de Pb (6 tonnes) au dessus du sol, le zéro s'élève de 11 à 18, soit de 30% environ. Ceci ne peut guère être du qu'à des groupes de secondaires cohérents prenant naissance dans le plomb, et qui sont assez serrés pour ne pas être décohérés par 60 cm de distance. Ces groupes doivent être formés de rayons assez pénétrants.

On doit penser naturellement que les mêmes effets des corpuscules D subsistent là où ils sont mêlés aux rayonnements M, quoique les effets secondaires de ceux-ci, très grands, les masquent. Des tentatives ont été faites pour séparer ces effets par exemple, par une absorption sélective de M dans un écran de plomb. Ainsi, nous avons opéré dans une casemate de ciment, ($E = 11,5$) sur laquelle on pouvait disposer un large écran de plomb, de 6 cm d'épaisseur. Dans ce cas, nous avons obtenu une courbe de saturation analogue aux précédentes. Egalement Rossi, Drigo et Alocco ont fait des études de la production de gerbes sous des écrans de plomb ou de matériaux légers, et ont obtenu une courbe avec saturation.

Remarquons ici que ces résultats sont en plein accord avec ceux de Geiger et Schwegler, dans lesquels les secondaires des rayons durs étaient sélectionnés par la cohérence entre secondaires (peu pénétrants) et primaires durs: le dispositif en triangle comportait alors un compteur isolé par 10 cm de plomb. Dans ce cas, les courbes obtenues au niveau de la mer pour Pb et Al par exemple donnent une saturation pour 1 cm de Pb, en accord avec nos résultats.

B. Formation nucléaire. Si les conditions a et b ne sont pas remplies, on peut avoir des courbes de passage très différentes: a) Ainsi, lorsque les rayons primaires (qui peuvent être corpusculaires, photoniques ou un mélange des deux) ne sont guère plus pénétrants que leurs secondaires, il se produit un effet d'épuisement rapide qui se traduit par une décroissance rapide avec l'épaisseur croissante de l'écran lorsque le parcours des secondaires est dépassé. On aura donc dans le passage d'un milieu léger à un milieu dense la formation d'un maximum. b) La formation des secondaires ne se fait pas massiquement, mais avec un facteur nucléaire, leur absorption restant à peu près massique. Ceci conduit à des effets plus grands des éléments à numéros atomiques élevés, et non plus à de simples effets de concentration géométrique. La croissance se produisant au passage des éléments légers aux éléments lourds, et dont la pente était proportionnelle à la densité dans le cas précédent, sera plus rapide ici pour les éléments de haut poids atomique. Le maximum atteint, la décroissance sera également plus rapide. Quant à la position du maximum, elle dépendra de plusieurs facteurs.

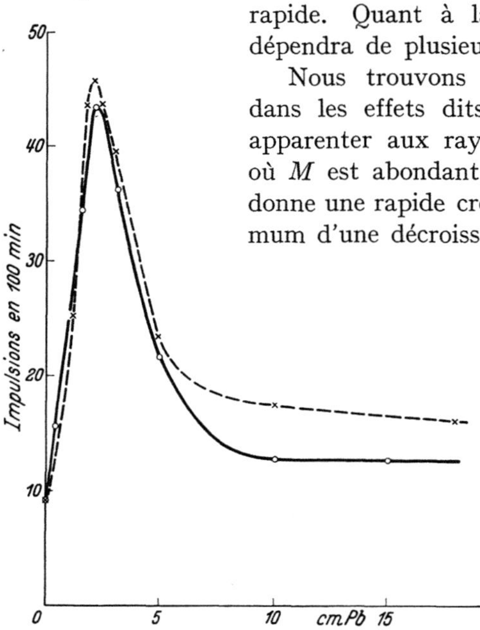

Fig. 8.

Nous trouvons en fait tous ces caractères dans les effets dits de transition que l'on peut apparenter aux rayons M. Ainsi, dans les lieux où M est abondant, le passage de l'air au plomb donne une rapide croissance, suivie après le maximum d'une décroissance dont le coefficient est le même que celui de la décroissance du groupe M dans le plomb. D'autres éléments donnent des effets analogues avec une très grand influence de Z. La pente de la croissance est proportionnelle à Z^2 (ALOCCO) le coefficient de décroissance également. La position du maximum varie aussi notablement. En somme, on peut dire qu'ici les gerbes sont créées par un processus faisant intervenir la charge du noyau, ces gerbes étant absorbées massiquement, ou en tous cas avec un facteur nucléaire moindre. Nous pouvons faire la même analyse que pour D en nous déplaçant dans l'atmosphère. Par exemple, la courbe trouvée au Jungfraujoch, avec 4 compteurs en Y peut être comparée à celle obtenue avec les mêmes appareils à Paris. Les deux courbes sont superposables (fig. 8), à condition de multiplier les ordonnées de la seconde par 6. La seule différence se produit aux grandes épaisseurs, et peut être due aux gerbes de D.

Il semble donc qu'on puisse tirer la conclusion de la décroissance des rayons gerbigènes à absorption nucléaire, dans la proportion de 6 à 1, entre le Jungfraujoch et Paris, sans que leurs propriétés en soient altérées (c'est à dire que l'absorption du rayonnement en question est purement catastrophique à l'inverse de celle du groupe dur qui serait progressive). Le coefficient d'absorption dans l'air qu'on en déduit est d'environ $6 \cdot 10^{-3}$ cm²/gr. Il sera important de connaître ce coefficient avec précision, pour le comparer avec celui trouvé dans la décroissance du groupe corpusculaire M, mesuré directement par compteurs verticaux, c'est à dire avec tous les secondaires.

Influence des secondaires sur les coefficients vrais. L'intervention des secondaires doit amener une modification notable dans les évaluations des coefficients d'absorption par des écrans interposés entre compteurs. En effet, les secondaires S sont généralement moins pénétrants que les rayons du groupe M et leur pénétration ne varie guère avec Z (ZEILER, CLAY), de telle sorte que, la différence de μ/ϱ entre S et M sera faible pour le plomb, et grande pour l'aluminium et l'air.

Influence sur la répartition angulaire. Nous avons cherché à voir si l'on pouvait observer, au fur et à mesure de la pénétration des rayons durs dans le sol, une concentration dans la direction verticale qui est à attendre d'une décroissance exponentielle sans diffusion. Les courbes trouvées qui donnent le nombre de corpuscules durs en fonction de l'angle avec la verticale (fig. 9) ne montrent rien de tel entre les lieux $E = 10$ et $E = 30$. Les résultats, encore incomplets, sur $E = 75$ montreraient plutôt un aplatissement.

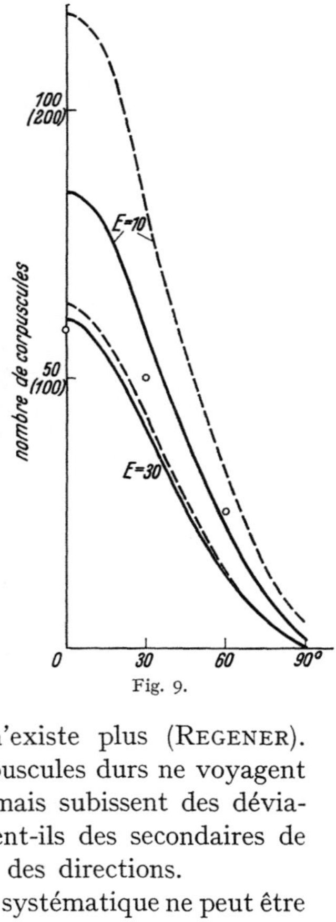

Fig. 9.

Ceci est d'accord avec le fait que sous l'eau ou le sol l'ionisation globale, intégrale pour toutes les directions, décroit parallèlement à l'intensité verticale (CLAY). Au contraire, dans la haute atmosphère ce parallélisme n'existe plus (REGENER).

On doit sans doute en déduire que les corpuscules durs ne voyagent pas en ligne droite jusqu'à leur absorption, mais subissent des déviations d'angle notables. Peut-être aussi forment-ils des secondaires de dureté voisine qui déterminent un étalement des directions.

Conclusion. Aucune conclusion absolument systématique ne peut être tirée de cet ensemble de résultats dont nous avons délibérément écarté tout ce qui concerne la courbure magnétique des trajectoires. Cependant, il nous semble que les deux groupes de phénomènes qui accompagnent les portions dure et molle des rayonnements cosmiques peuvent être rattachées, à titre d'hypothèse de travail, à deux types de rayons. Ces rayons se présentent à nous avec leurs caractères au dessous de la couche atmosphérique périphérique équivalente à 1 m d'eau, soit qu'ils l'aient atteinte à partir des espaces extra-terrestres, soit qu'ils s'y soient formés.

Disintegration of a nucleus by cosmic radiation.

(Communicated by **E. J. Williams**-Manchester.)

With 1 figure.

I have much pleasure in showing a cloud photograph recently taken by Prof. Blackett, which shows the disintegration of a nucleus by cosmic radiation and of which Prof. Blackett writes the following description.

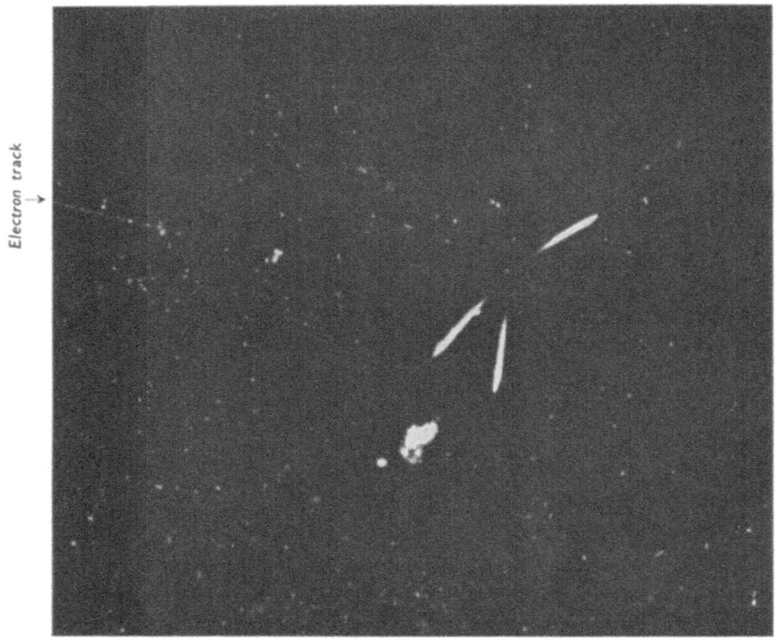

Fig. 1.

"In this photograph, which is reproduced above, there are three heavy tracks and two fine tracks diverging from a single point. The latter con hardly be seen in the present reproduction, though they are clear on the original negative. The determination of the position of the point of origin of the tracks show that it lies on the inner surface of the aluminium piston, within the experimental error of measurement which is about $^1/_2$ mm. It is probable, therefore, that the tracks are produced by the disintegration of a nucleus of an atom in the metal, though it is also possible that they come from an argon atom in the gas very near the surface of the piston."

"The three heavy tracks are probably due to alpha particles, though possibly to protons. They are seen in the stereoscopic photographs to cross the illuminated part of the chamber, all three lying within a solid angle of less than a quarter of the whole sphere. From momentum considerations, the remainder of the nucleus, or more α-particles or protons, must have been ejected in the opposite direction. Thus, though it is not possible to say what is the total number of products of disintegration, there must be at least four heavy particles."

"In addition to the three visible tracks of heavy particles there are two due to electrons. The nearly vertical one corresponds to a negative electron of $1{,}7 \cdot 10^8$ eV if coming downwards, and to a positron if moving upwards. The faint track diverging into the right hand bottom corner corresponds to a positron of some $6 \cdot 10^8$ eV, if the direction of motion is away from the collision."

"It is not possible to say what agency produced the disintegration, whether it was one of the electrons photographed, or some other unphotographed particle or a photon. If one of the electrons caused the disintegration, it is more likely to be the one of greater energy, that is the one in the right hand bottom corner. It is however most improbable that the disintegration was produced by an electron of $6 \cdot 10^8$ eV moving upwards, since these are very rare in ordinary photographs. Thus the more probable assumption is that neither of the observed electrons is the cause of the disintegration."

Die kosmischen Strahlenschauer.

Von **H. GEIGER**-Tübingen.

Mit 10 Abbildungen.

1. Einleitung. Wie uns die WILSON-Kammer in anschaulicher Weise zeigt, löst die kosmische Ultrastrahlung gelegentlich an einer einzigen Stelle ein ganzes Bündel von Strahlen aus, das in Einzelfällen aus Hunderten von Elektronen bestehen kann. Diese Strahlenschauer sind ohne Parallele in unserer heutigen Physik; ihr Studium ist eine besonders reizvolle, aber nicht gerade einfache Aufgabe. Drei Untersuchungsverfahren, die sich gegenseitig ergänzen, haben sich bewährt: die Hochdruck-Ionisationskammer, das Zählrohrdreieck in Koinzidenzschaltung, die WILSON-Kammer. Leider sind alle drei Verfahren mühsam und zeitraubend, so daß auch der kleinste Schritt voran meist mit monatelangen Registrierungen erkämpft werden muß. Trotzdem ist die Literatur über Schauer schon sehr umfangreich, teilweise allerdings auch noch widerspruchsvoll. Ich kann meine heutige Aufgabe nicht darin sehen, das zusammenzustellen, was über die Schauer schon gemessen und gesagt worden ist; ich kann nur einige bestimmte Fragen herausgreifen, die mir für die Weiterentwicklung des Problems besonders wichtig erscheinen; diese sind:

I. Die Schauerhäufigkeit, und zwar ihre Abhängigkeit von der Bleidicke und ihr Zusammenhang mit der Schauergröße.

II. Die Natur der Schauer, und zwar vornehmlich Divergenz, Zahl und Art der Strahlen eines Schauers.

III. Die Auslösung der Schauer, insbesondere die Art und Struktur der sogenannten Auslösestrahlung (B-Strahlen).

IV. Die Schauer im Gesamtbild der Ultrastrahlung.

I. Häufigkeit der Schauer.

2. Schauerhäufigkeit und Bleidicke. Dieser Zusammenhang ist schon frühzeitig studiert und klargestellt worden, so daß wir uns kurz fassen können. Bestimmt man mit der bekannten Rossischen Anordnung (Abb. 1) die Koinzidenzzahl in Abhängigkeit von der Bleidicke, so findet man die in Abb. 2 dargestellte Kurve, welche für 1,5 cm Pb einen Maximalwert besitzt. Der Kurvenverlauf ist praktisch unabhängig von der speziellen Anordnung der Zählrohre; so kann man die Rohre im gleichseitigen oder spitzwinkligen Dreieck anordnen oder sie auch nebeneinanderlegen. Es macht auch keinen merklichen Unterschied aus, wenn man von Dreifachkoinzidenzen zu zweifachen oder vierfachen übergeht. Bemerkenswert ist auch, daß nach Auger und Mitarbeitern (*1*)[1] auf dem Jungfraujoch trotz des starken Unterschieds in der Intensität und Zusammensetzung der Primärstrahlung dieselbe Rossi-Kurve gefunden wird.

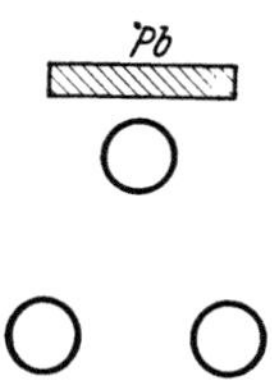

Abb. 1. Koinzidenzanordnung nach Rossi.

Führt man mit einer Ionisationskammer gleichartige Messungen bei Schauergrößen von 30 bis 40 Strahlen aus, so ändert sich nichts Wesentliches an dem Verlauf der Kurve; insbesondere bleibt das Maximum bei 1,5 cm Pb (Street und Young [*2*]). Eine Verschiebung scheint dagegen dann einzutreten, wenn die Kammer nur die ganz großen, dafür aber sehr seltenen Schauer erfaßt. Nach Messungen von Messerschmidt, Gastell, Nie u. a. (*3*) ist das Maximum dann zu etwas größeren Bleidicken verschoben. Carmichael (*4*) gibt für Schauer von 160 bis 720 Strahlen

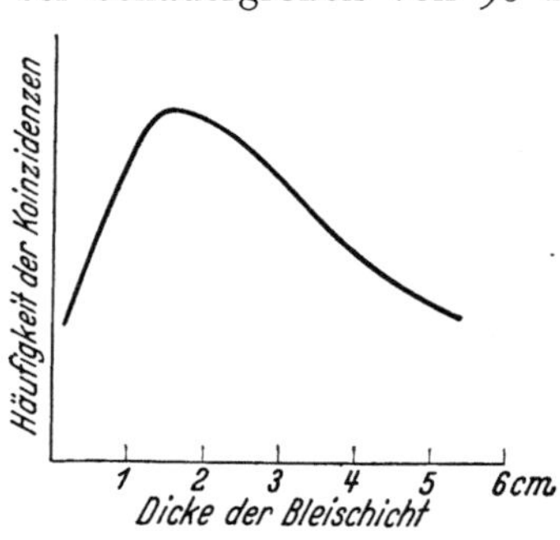

Abb. 2. Koinzidenzkurve nach Rossi.

[1] Die Zitate stehen auf S. 122 am Schluß des Textes. Nur Arbeiten von 1935 und 1936 sind aufgenommen; die Literaturstellen älterer Arbeiten findet man in dem Bericht des Verfassers über Sekundäreffekte der Ultrastrahlung [Ergebn. exakt. Naturwiss. **14**, 42—78 (1935)].

eine Kurve mit einem Maximum bei etwa 3 cm Pb. Man wird also schließen, daß bei den großen Schauern stärker durchdringende Strahlen beteiligt sind als bei den kleinen.

Die Kurve Abb. 2 findet ihre einfachste Deutung durch die Annahme, daß sich eine nichtionisierende Strahlung beim Durchgang durch das Blei allmählich ins Gleichgewicht setzt mit einer von ihr erzeugten und in den Meßinstrumenten unmittelbar wirksamen Sekundärstrahlung. Die Absorptionskoeffizienten dieser beiden Strahlungen können an Hand des Kurvenverlaufs zu rund 0,3 bzw. 1,2 cm^{-1} Pb bestimmt werden, liegen also im Bereich der uns aus radioaktiven Messungen bekannten Absorptionskoeffizienten. Rückschlüsse auf die Natur der Strahlungen sind aber kaum möglich; auch ist es nicht ratsam, aus dem Kurvenverlauf allzu viele Einzelheiten entnehmen zu wollen. Denn es kann durchaus sein, daß die mit den verschiedenen Methoden erzielte Übereinstimmung nicht durch die Einfachheit des erfaßten Strahlungsprozesses, sondern gerade durch seinen völlig diffusen Charakter bedingt ist.

Es wäre von Interesse, hier auch die Frage zu verfolgen, wie sich der Kurvenverlauf ändert, wenn man als Sekundärstrahler über den Zählrohren statt Blei leichte Elemente, wie Kohle oder Aluminium, verwendet. Aber das zu dieser Frage vorliegende experimentelle Material ist noch zu wenig gesichert, als daß es sich lohnt, darauf näher einzugehen. Aus ähnlichen Gründen wird auch auf eine Besprechung der Versuche über die Abhängigkeit der Schauerzahl von der Höhe des Beobachtungsortes verzichtet.

3. Schauerhäufigkeit und Schauergröße. Es erhebt sich zunächst die Frage, ob die Schauerhäufigkeit, von kleinsten Schauern angefangen bis zu den größten, kontinuierlich abnimmt, oder ob sich die Schauer der Größe nach um einen bestimmten mittleren Wert gruppieren. Die Frage war lange umstritten, aber nach neueren Messungen scheint festzustehen, daß die Funktion monoton ist, d. h. daß die Schauer desto häufiger auftreten, je kleiner sie sind. Eine genaue Ermittlung der Kurve, welche Schauerhäufigkeit und Schauergröße miteinander verbindet, läßt sich nur schwer durchführen. Man möchte zunächst glauben, daß die WILSON-Kammer hierfür am geeignetsten ist; die bisherigen Messungen von ANDERSON, KUNZE, SKOBELZYN u. a. betreffen aber nur sehr kleine Schauer von einigen wenigen Strahlen. Anderseits erfaßt man bei den zählrohrgesteuerten WILSON-Aufnahmen oft Schauer mit 10 bis 100 Strahlen, aber die Häufigkeit dieser Schauer kann wegen der Steuerung nur ganz roh abgeschätzt werden. Einige Anhaltspunkte hierüber können aber aus den Messungen mit Druck-Ionisationskammern gewonnen werden. Wegen der Unbestimmtheit aller bisherigen Angaben kann die in Abb. 3 eingezeichnete Kurve nur orientierenden Charakter tragen. Auffallend ist das ganz langsame Abklingen der Kurve mit wachsender Schauergröße. Auch Schauer mit vielen Hunderten von Strahlen treten noch mit einer sicher meßbaren Häufigkeit auf; sie sind aber mindestens 1000mal seltener als die kleinen Schauer von etwa 10 Strahlen, mit denen man es im allgemeinen bei Zählrohrmessungen zu tun hat. Auf eine diesbezügliche Untersuchung von C. G. und D. D. MONTGOMERY (*5*) sei verwiesen.

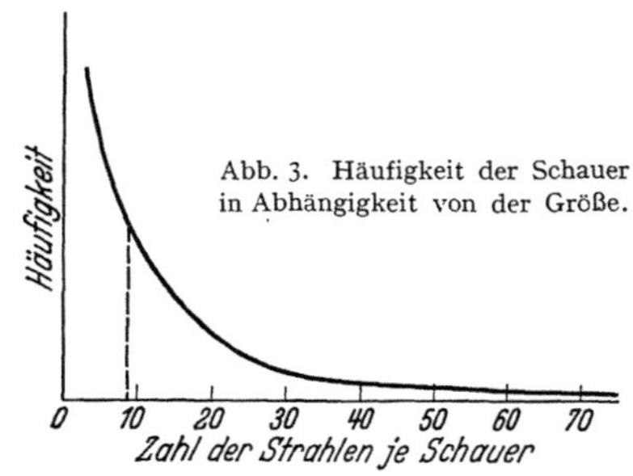

Abb. 3. Häufigkeit der Schauer in Abhängigkeit von der Größe.

Man wird sich in diesem Zusammenhang auch die Frage vorlegen, mit welcher Wahrscheinlichkeit ein kosmischer Primärstrahl in einem Bleistück gegebener Dicke einen Schauer auslöst. Herr ZEILLER und der Verfasser (*6*) haben kürzlich einen Weg angegeben, der die Ermittlung dieser Zahl ermöglicht. Man bestimmt in einer geometrisch gut definierten Anordnung, etwa nach Art der Abb. 4, die Ansprechwahrscheinlichkeiten w_1, w_2, w_3, w_4 der einzelnen Zählrohre im Moment eines Schauers. Die Ansprechwahrscheinlichkeit w_4 ergibt sich beispielsweise aus dem Verhältnis der Vierfachkoinzidenzzahl -1-2-3-4- zu der Dreifachkoinzidenzzahl -1-2-3-. Denn die stündlich zu erwartenden Koinzidenzen n_4 bzw. n_3 betragen:

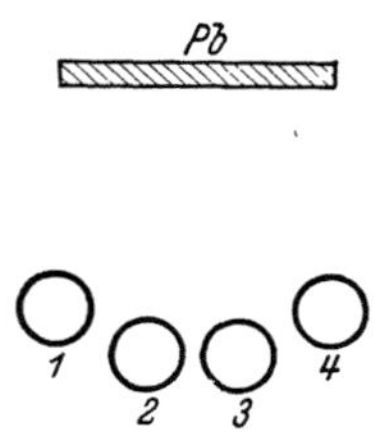

Abb. 4. Zur Messung der Ansprechwahrscheinlichkeit eines Zählrohrs.

$$n_4 = N \cdot w_1 \cdot w_2 \cdot w_3 \cdot w_4$$

$$n_3 = N \cdot w_1 \cdot w_2 \cdot w_3$$

wobei N die Zahl der stündlichen Schauer aus der Bleiplatte bedeutet. Aus beiden Gleichungen folgt:

$$w_4 = n_4/n_3 .$$

Man kann sich diesen Zusammenhang auch in folgender Weise klarmachen: Durch das Auftreten einer Koinzidenz -1-2-3- wird der Moment erfaßt, in dem ein Schauer aus dem Blei austritt. Die Frage ist nun, ob in diesem Moment das Rohr 4 mitanspricht oder nicht. Die Wahrscheinlichkeit für dieses Mitansprechen ist aber gegeben durch den Bruchteil an Dreifachkoinzidenzen, der von einem Ausschlag in Rohr 4 begleitet ist, also eben durch das Verhältnis n_4/n_3.

In der angegebenen Weise läßt sich für jedes Zählrohr die Ansprechwahrscheinlichkeit auf einen Schauer bestimmen, worauf die Schauerzahl N berechnet werden kann. Es ergab sich, daß pro Stunde und Quadratzentimeter aus einer 1,5 cm dicken Bleiplatte 0,6 Schauer austreten. Da die Zahl der pro Stunde und Quadratzentimeter auf das Blei einfallenden Primärstrahlen auf rund 50 einzuschätzen ist, so ist etwa jeder hundertste aus dem Blei austretende Primärstrahl von einem Schauer begleitet.

Selbstverständlich bezieht sich diese Angabe auf Schauer mittlerer Größe, wie sie eben im Durchschnitt von einer ROSSIschen Koinzidenzanordnung erfaßt werden (Abb. 1). Man kann einwenden, daß der Begriff eines solchen „mittleren Schauers" sehr unbestimmt ist. Aber gerade in dieser Hinsicht ist das oben angegebene Meßverfahren noch ausbaufähig, indem man nämlich die Ansprechwahrscheinlichkeit desselben Zählrohrs auf verschieden große Schauer bestimmen kann. Es läßt sich nämlich beispielsweise die Ansprechwahrscheinlichkeit von Zählrohr 1 sowohl aus dem Koinzidenzverhältnis $\frac{\text{-1-2-3-}}{\text{-2-3-}}$ oder aus $\frac{\text{-1-2-3-4-}}{\text{-2-3-4-}}$ oder aus $\frac{\text{-1-2-3-4-5-}}{\text{-2-3-4-5-}}$ ermitteln, wobei mit der Zahl 5 noch ein weiteres fünftes Zählrohr bezeichnet sein soll. Dabei verlangt der erste Bruch das Auftreten eines Schauers von mindestens drei, der letzte das Auftreten eines Schauers von mindestens fünf ionisierenden Strahlen. Die bisher in dieser Richtung ausgeführten Versuche lassen das erwartete Ansteigen der Ansprechwahrscheinlichkeit mit der Zahl der Strahlen deutlich erkennen und werden zu einer schärferen Erfassung des „mittleren Schauers" führen.

II. Natur der Schauer.

Im einzelnen sollen hier besprochen werden:
die Strahlendivergenz in einem Schauer,
die mittlere Zahl der Strahlen pro Schauer,
die Art der zu einem Schauer gehörenden Strahlen.

4. Strahlendivergenz. Der naheliegende Gedanke, die Richtungsverteilung der Strahlen eines Schauers aus WILSON-Aufnahmen zu entnehmen, scheitert[1] an dem geringen bisher vorliegenden Material; nur von STEVENSON und STREET (*9*) liegen einige orientierende Angaben vor. Auch die folgende Zählrohrmessung von ZEILLER und dem Verfasser erhebt nur den Anspruch eines ersten orientierenden Überblicks. Mit der in Abb. 5 dargestellten Zählrohranordnung wurden nacheinander die Zweifachkoinzidenzen -4-6-, -3-7-, -2-8-, -1-9- bestimmt, wobei sich die folgenden Zahlen ergaben:

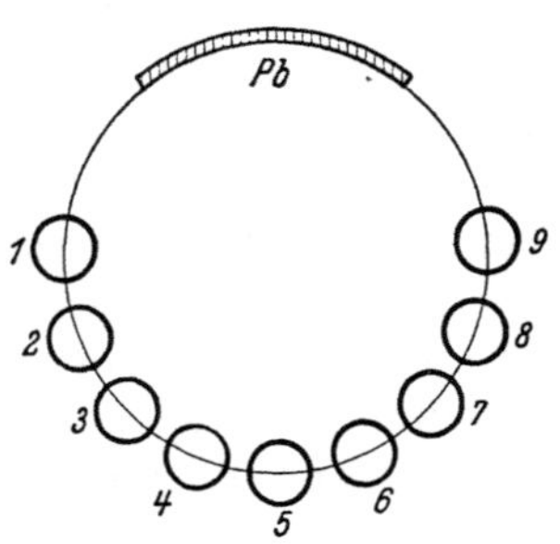

Abb. 5. Zur Messung der Richtungsverteilung der Strahlen.

Art der Koinzidenzen	-4-6-	-3-7-	-2-8-	-1-9-
Mittlerer Winkel zwischen den auslösenden Strahlen	25°	50°	70°	100°
Häufigkeit der Koinzidenzen . .	60	27	19	12

Dabei ist durch eine Korrektur bereits berücksichtigt, daß die oberen Zählrohre dem Blei näher sind als die unteren. Da nach der Tabelle große Winkel noch recht häufig vorkommen, wird man den durchschnittlichen Schauer schon als stark divergent bezeichnen müssen. Man wird zur weiteren Klärung die Frage aufwerfen, ob diejenigen Schauer, die stark divergente Strahlen enthalten, auch immer besonders strahlenreiche Schauer sind. Die Frage läßt sich entscheiden, wenn man die Ansprechwahrscheinlichkeit desselben Zählrohrs, z. B. des mittleren, bestimmt einmal unter Verwendung von Koinzidenzen, die nur wenig divergente Strahlen erfordern, und dann von solchen, bei denen gerade stark divergente Strahlen vorhanden sein müssen. Sind die Schauer mit stark divergenten Strahlen auch besonders strahlenreich, so muß sich aus den entsprechenden Koinzidenzen auch eine erhöhte Ansprechwahrscheinlichkeit für das mittlere Zählrohr ergeben. Die folgende Tabelle zeigt, daß von solchen Unterschieden nichts zu bemerken ist.

Gemessenes Koinzidenzverhältnis	$\frac{\text{-4-5-6-}}{\text{-4-6-}}$	$\frac{\text{-3-5-7-}}{\text{-3-7-}}$	$\frac{\text{-2-5-8-}}{\text{-2-8-}}$	$\frac{\text{-1-5-9-}}{\text{-1-9-}}$
Ansprechwahrscheinlichkeit von Rohr 5	0,36	0,38	0,35	0,41

Die Schauer sind also in gleichem Ausmaße divergent, gleichgültig, ob sie viele oder wenige Strahlen enthalten.

5. Mittlere Zahl der Strahlen in einem Schauer. Wir haben im vorausgehenden von einem „mittleren Schauer" gesprochen und fragen nunmehr, wie hoch die einem solchen Schauer zugehörige Strahlenzahl einzuschätzen ist. Man gewinnt hierüber einen Anhalt aus der Höhe der Ansprechwahrscheinlichkeit eines Zählrohrs auf einen Schauer. Die Ansprechwahrscheinlichkeit hängt nämlich außer von der Geometrie der Anordnung auch von der Zahl und Richtungsverteilung der Strahlen ab. Man kann also bei gegebener Geometrie und bei bekannter Richtungsverteilung (vgl. Ziff. 4) die Ansprechwahrscheinlichkeit ausrechnen, wenn man eine Annahme über die Zahl der zu einem Schauer gehörenden Strahlen macht. So errechnet sich beispielsweise für Rohr 1 von Abb. 4 die Ansprechwahrscheinlichkeit dann in Übereinstimmung mit dem Experiment zu 0,3, wenn man dem Schauer im Mittel 8 Strahlen zuschreibt. Diese Rechnung setzt allerdings voraus, daß die wirksamen Strahlen ausschließlich aus Elektronen bestehen. Es wird aber in folgender Ziffer gezeigt werden, daß bei jedem Schauer neben Elektronen auch Photonen in großer Zahl auftreten. Trotzdem kommt obiger Zahl ein bestimmter Sinn zu, da Umrechnungsmöglichkeiten bestehen (Nutzeffekt eines Zählrohrs bei Beschießung mit Photonen $\sim$ 0,01).

6. Natur der Schauerstrahlen. Die in Magnetfeldern aufgenommenen WILSON-Bilder machen es sehr wahrscheinlich, daß die Schauerstrahlen in der Hauptsache aus Elektronen, zu einem kleinen Teil aus Positronen bestehen. Außerdem lassen solche Bilder gelegentlich erkennen, daß im Moment eines Schauers auch von benachbarten Wänden weiche Elektronen ausgehen, die wahrscheinlich von Photonen ausgelöst werden. Im folgenden werden Gründe dafür angegeben, daß wohl jeder Schauer, auch der strahlenarme, von einer Photonengarbe begleitet ist. Ja es erscheint sogar wahrscheinlich, daß die Photonengarbe ein charakteristisches Merkmal eines Schauers ist, durch das er sich von Doppel- und Mehrfachstrahlen unterscheidet.

Eine starke Stütze für das gleichzeitige Auftreten von Elektronenschauer und Photonengarbe ist der Rückstrahleffekt. Am deutlichsten tritt dieser Effekt bei der HEIDELschen (7) Anordnung in Erscheinung, welche aus drei nebeneinanderliegenden Zählrohren besteht, über denen sich zur Erzeugung der Schauer eine Bleiplatte P befindet (Abb. 6). Bringt man nun auch unter die Zählrohre eine weitere Bleiplatte R, so erhöht sich die Koinzidenzzahl um rund 50%. Es werden also in dem unteren Blei bei einem Schauer Strahlen ausgelöst oder zurückgestreut, die mit anderen von oben kommenden Strahlen eine Koinzidenz ergeben, die ohne das untere Blei nicht zustande gekommen wäre. Indem man zwischen die Rohre und das untere Blei, also an der Stelle F, Aluminiumfolien einschiebt, kann man die rückläufigen Strahlen absorbieren und ihre Härte messen, weil das leichtatomige Aluminium selbst nur eine ganz geringe Rückstrahlung gibt. Man stellt so fest, daß die rückläufigen Strahlen etwa das Durchdringungsvermögen der weichen Ra-γ-Strahlen besitzen.

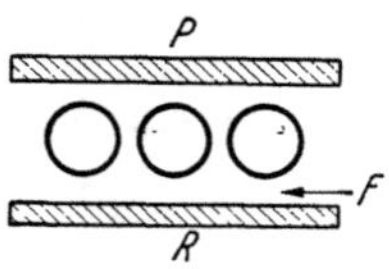

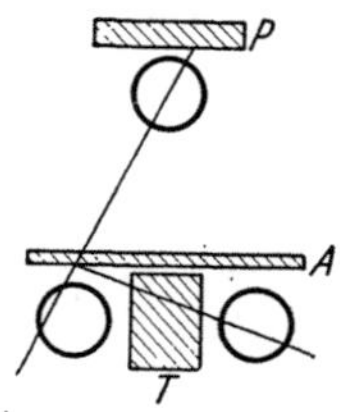

Abb. 6. Abb. 7.
Anordnungen zur Messung des Rückstrahleffekts.

Es ist aus energetischen Gründen nicht möglich, den Rückstrahleffekt durch Streuung der Schauerelektronen zu deuten. Dazu sind diese zu durchdringend und auch nicht zahlreich genug. Andererseits ist der Effekt bei Vorhandensein einer Photonengarbe leicht zu verstehen, da nach den Erfahrungen bei γ-Strahlen Photonen der angegebenen Härte relativ leicht gestreut werden. Diese gestreuten Photonen geben dann durch die Photo- und COMPTON-Elektronen, die sie an den Zählrohrwandungen auslösen, die zusätzlichen Koinzidenzen.

Ein zweiter Versuch erscheint ebenfalls beweiskräftig für das Vorhandensein einer Photonengarbe. Bei der Anordnung Abb. 7 können nur solche Schauer, die in der oberen Bleischicht P entstehen, Koinzidenzen erzeugen, während Schauer aus dem unteren Blei A für die Koinzidenzentstehung nicht in Betracht kommen. Man bestimmt zuerst die Koinzidenzzahl mit P und A aber ohne T. Schaltet man dann zwischen die beiden unteren Zählrohre einen Blei- oder Aluminiumklotz T ein, so läßt sich eine erhebliche Abnahme der Koinzidenzen feststellen. Fehlt aber die untere Bleischicht A, so ist das Ein- oder Ausschalten des Metallklotzes T ohne merklichen Einfluß auf die Koinzidenzzahl. Dies Ergebnis kann wohl kaum anders verstanden werden, als daß Schauerelektronen aus P beim Durchgang durch A Photonen auslösen, die dann ihrerseits in einem Zählrohr wirksam werden (vgl. den in Abb. 7 eingezeichneten Strahlengang).

Durch Variation der Dicke des Aluminiumklotzes T stellt man wieder fest, daß die Härte der hier mehr oder weniger horizontal laufenden Strahlen etwa der Ra-γ-Strahlung entspricht. Man kann aus diesem wie aus dem vorausgehenden Versuch entnehmen, daß zu einem Schauer einige hundert Photonen gehören müssen.

III. Auslösung der Schauer.

Wir besprechen im folgenden die Natur der Strahlung, durch die die Schauer ausgelöst werden. Diese Strahlung wird im folgenden als B-Strahlung bezeichnet (vgl. Ziff. 8). Zwei wesentliche Feststellungen sind bisher gelungen:

a) die B-Strahlung wirkt nicht unmittelbar ionisierend; sie kann also nicht aus Elektronen oder Protonen bestehen,

b) die B-Strahlung hat eine gebündelte Struktur, besitzt also selbst schon einen schauerartigen Charakter.

7. Natur der Auslösestrahlung (B-Strahlung). Die Auslösung der Schauer in Materie erfolgt jedenfalls nicht unmittelbar durch die harte Primärstrahlung. Dies ergibt sich zwingend aus der Rossischen Koinzidenzkurve (Abb. 2), die nach Überschreitung des Maximums viel rascher abfällt, als der Durchdringungsfähigkeit der harten Primärstrahlen entspricht. Es erhebt sich zunächst die Frage, ob die B-Strahlung unmittelbar ionisiert oder nicht, ob sie also vom Typ einer Elektronenstrahlung oder vom Typ einer Wellenstrahlung ist. Der in Abb. 8a und 8b dargestellte Koinzidenzversuch, bei dem sich ein Bleistück Pb einmal dicht über dem oberen Zählrohr, dann dicht unter diesem Zählrohr befindet, wurde von verschiedenen Autoren in mehrfacher Variation durchgeführt. Ist die B-Strahlung eine ionisierende Strahlung, so müssen im Falle 8a und im Falle 8b die Koinzidenzen in praktisch gleicher Zahl auftreten; kann dagegen die B-Strahlung nicht selbst ionisierend wirken, so sind Koinzidenzen zwar bei 8a, nicht aber bei 8b zu erwarten. Der experimentelle Befund geht im wesentlichen dahin, daß die Koinzidenzzahl bei 8b zwar erheb-

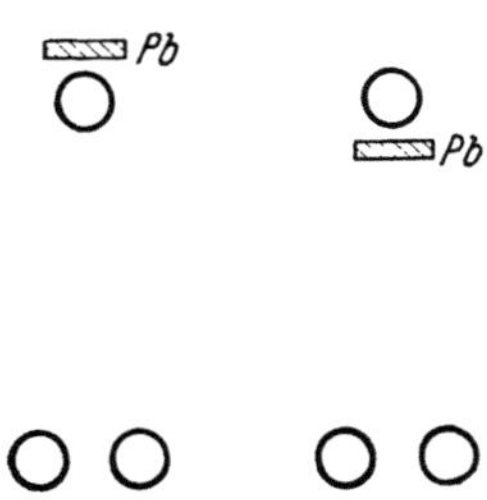

Abb. 8a. Abb. 8b.
Zum Nachweis der Natur der B-Strahlung.

lich kleiner ist als bei 8a, aber doch nicht ganz verschwindet, wie man bei einer nichtionisierenden B-Strahlung erwarten müßte. Die Herren BERNARDINI und BOCCIARELLI (*8*), welche neuerdings eingehende Messungen mit einer gegen Abb. 8 verfeinerten Anordnung ausgeführt haben, kommen zu dem Schluß, daß nahezu die Gesamtheit der Schauer von einer nichtionisierenden Strahlung ausgelöst wird. Die wenigen Fälle, bei denen auch mit der Anordnung 8b Koinzidenzen gefunden werden, können also wahrscheinlich durch den Rückstrahleffekt gedeutet werden (vgl. Ziff. 6).

Auch aus WILSON-Aufnahmen, bei denen sich in der Kammer zur Schauerauslösung eine Bleiplatte befand, konnten Rückschlüsse auf die hier aufgeworfene Frage getan werden. Es werden nämlich sowohl Schauer erfaßt, bei denen oberhalb der Platte ein ionisierender Strahl sichtbar ist, aber auch solche, bei denen ein solcher Strahl fehlt. STEVENSON und STREET (*9*) geben in einer neuen Arbeit sogar an, daß von 65 Schauern mit gut erkennbarer Ausgangsstelle 48 von einem Elektron und 17 von einem Photon ausgelöst wurden. Diese Zahlen müssen aber insofern mit Vorsicht aufgenommen werden, als sie mit einer zählrohrgesteuerten Kammer gewonnen sind, die an sich nur auf die von Elektronen ausgelösten Schauer ansprechen konnte. Es ist daher nicht ohne weiteres verständlich, wie überhaupt die Auslösung des über der Kammer befindlichen Zählrohres in den Fällen zustande kam, wo ein nichtionisierender Strahl einen Schauer in der Bleischicht auslöst. Wahrscheinlich ist der Befund so zu deuten, daß der Hauptschauer schon oberhalb der Kammer entstanden war und daß in der Kammer selbst nur kleinere Teilschauer erfaßt wurden. Hierfür spricht auch die in der nächsten Ziffer zu behandelnde Bündelstruktur der B-Strahlung.

Trotz gewisser Widersprüche kann also als Gesamtergebnis festgestellt werden, daß die B-Strahlung einen nichtionisierenden Charakter besitzt.

8. Struktur der Auslösestrahlung (B-Strahlung). Es wird hier die Frage besprochen, ob die B-Strahlung aus einzelnen voneinander unabhängigen Quanten besteht oder aus Gruppen oder Bündeln solcher Quanten. Wir beschreiben einige Versuche, die die Vermutung bekräftigen, daß die B-Strahlung im allgemeinen gebündelt auftritt.

Zunächst seien die WILSON-Aufnahmen genannt, auf denen oft mehrere Schauerzentren zu sehen sind, die gleichzeitig entstanden sein müssen. So haben HERZOG und SCHERRER (*10*) auf Grund von Aufnahmen auf dem Jungfraujoch das Vorkommen mehrerer gleichzeitiger Schauerzentren besonders betont und daraus auf das Vorhandensein von Photonenbündeln geschlossen.

Quantitative Folgerungen ermöglichen die Zählrohrversuche von HILGERT und BOTHE (*11*). Ihre Anordnung (Abb. 9) besteht aus zwei Zählrohren, über denen die Bleistücke I und II als Schauerquellen angebracht werden können, während über dem Ganzen sich noch ein großer Kohlenblock befindet. Die Versuche bestehen in der Abzählung der Zweifachkoinzidenzen, wenn die Rohre einmal nur von dem Blei I, dann von den beiden Bleistücken I und II überdeckt sind. Falls die Schauer immer nur von *einem* Punkt ausgehen, müßte die Verdoppelung der Bleibreite auch eine Verdoppelung der Koinzidenzzahl zur Folge haben. In Wirklichkeit ergab sich, wie aus der beistehenden Tabelle ersichtlich ist, bei An-

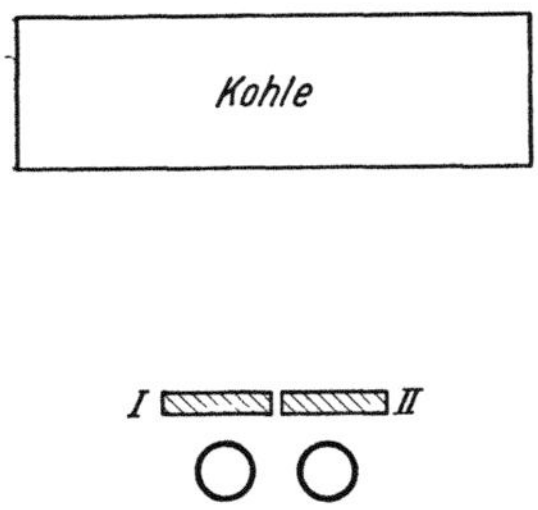

Abb. 9. Zur Struktur der B-Strahlung; Anordnung von HILGERT und BOTHE.

	Stündliche Koinzidenzzahl	
	mit Kohlevorfilter	ohne Kohlevorfilter
Blei I	4	46
Blei I + II . .	33	91

wesenheit des Kohlevorfilters eine Koinzidenzzunahme auf das rund Achtfache. Die von den Autoren gegebene Deutung ist die, daß aus der Kohle nicht einzelne Quanten, sondern Quantenbündel austreten, die dann in dem Blei Schauer auslösen. Die beobachteten Koinzidenzen sind somit in der Hauptsache nicht durch Strahlen desselben Schauers verursacht, sondern durch mehrere, vielleicht kleine Einzelschauer, welche infolge der Bündelung der B-Strahlung an verschiedenen Stellen des Bleies gleichzeitig entstehen.

Bei dem Versuch ohne Kohle macht sich nach HILGERT und BOTHE die Bündelung nicht bemerkbar, weil die Entstehungsstelle der B-Strahlen wegen der geringen Dichte der Luft im Mittel von der Apparatur weit weg liegt. Die Strahlen eines B-Bündels haben dann in Nähe der Apparatur zu große Abstände, als daß sie noch gemeinsam wirken könnten. Dieses unterschiedliche Ergebnis mit und ohne Kohle spricht, wie von den Autoren betont wird, sehr stark dafür, daß die B-Strahlen erst in der Materie entstehen und nicht etwa als Komponente der Primärstrahlung angesehen werden können.

Es sind ferner Versuche von NIE (*12*) zu erwähnen, bei denen zwei Ionisationsdruckkammern untereinander angeordnet sind; über den Kammern befindet sich ein Bleistück, in dem die Schauer ausgelöst werden; zwischen den Kammern kann Blei als Absorber eingeschaltet werden. Es zeigten sich Koinzidenzen der Ionisationsstöße in den Kammern auch dann noch, wenn die Dicke des zwischengeschalteten Absorbers 9 cm betrug; auch waren die koinzidierenden Stöße der Größe nach in weitem Umfang voneinander unabhängig, manchmal sogar unten größer als oben. Man kann diese Versuchsergebnisse alle dahin deuten, daß derselbe B-Strahl nacheinander in beiden Kammern Schauer auslöst. Auf Grund der Messungen von HILGERT und BOTHE ist es aber näherliegend, das gleichzeitige Auftreten der Schauer in beiden Kammern durch die Bündelung der B-Strahlung zu erklären.

IV. Die Schauer im Gesamtbild der Ultrastrahlung.

9. Voraussetzungen für die Diskussion. Wenn wir uns fragen, wie die Schauer zustande kommen und welchen Zusammenhang sie mit der Primärstrahlung haben, so müssen wir uns zunächst klarmachen, daß jedes Bild, das wir uns zurechtlegen, eine Reihe von Besonderheiten erklären muß:

a) die Natur der Schauer selbst, d. h. die gleichzeitige Entstehung vieler Elektronen und Quanten aus einem oder auch aus mehreren Zentren,

b) die große Variationsbreite der Schauer in bezug auf die Zahl der Strahlen, also die Tatsache, daß unter vielen kleinen Schauern mit größenordnungsmäßig 10 ionisierenden Strahlen des öfteren auch Schauer mit Hunderten von Strahlen auftreten (HOFFMANNsche Stöße),

c) das starke Absinken der Schauerzahl hinter leicht- oder auch schweratomigen Materieschichten selbst dann, wenn die Dicken dieser Schichten bei weitem nicht ausreichen, die Intensität der Primärstrahlung merklich herabzusetzen.

Der nun folgenden Erörterung ist das von GEIGER und FÜNFER angegebene Strahlenschema zugrunde gelegt (s. unten). Darin ist die Primärstrahlung als A-Strahlung bezeichnet; von den folgenden Strahlenarten ist angenommen, daß sie nacheinander aus der Primärstrahlung entstehen. Bei jeder Strahlenart ist jeweils in Klammern der Versuch angeführt, durch den sie am besten erfaßt werden kann. Das Schema ist elastisch und ausbaufähig und wird die Diskussion erleichtern. Außerdem stützt sich die folgende Betrachtung auf die von SAUTER, BETHE, HEITLER u. a. theoretisch untersuchten Gesetze der Absorption extrem energiereicher Elektronen und Quanten.

Strahlenschema.

A-Strahlen, primär, Protonen (Koinzidenzen durch dickes Blei).

B-Strahlen, Photonen hoher Energie (Koinzidenzkurve nach ROSSI).

C-Strahlen, Elektronenpaare hoher Energie (Paare auf WILSON-Bildern).

D-Strahlen, Photonen, Bremsstrahlung (Rückstrahleffekte).

E-Strahlen, Photo- und COMPTON-Elektronen (Kreisbahnen auf WILSON-Bildern).

10. Versuch einer Deutung von Schauer und Stoß. Bei dem Versuch, für die in Ziff. 9 aufgeworfenen Fragen eine Erklärung zu finden, gehen wir von den B-Strahlen aus, die nach unserer Annahme aus sehr energiereichen Quanten ($> 10^9$ eV) besteht. Diese erzeugen beim Durchgang durch Materie, z. B. Blei, Elektronenpaare (C-Strahlen), die dann ihrerseits unter Emission einer intensiven Bremsstrahlung (D-Strahlung) auf kurzer Wegstrecke ihre Energie verlieren. Viele von diesen D-Quanten sind energiereich genug, um weitere Elektronenpaare zu erzeugen; in der Hauptsache werden sie aber durch Photo- und COMPTON-Prozesse absorbiert. Die Gesamtheit aller dieser aus einem B-Quant stammenden C-, D- und E-Strahlen bildet den Schauer. Dieser wird sich also aus Elektronen sehr verschiedener Energie zusammensetzen, wobei die negativen Elektronen (C- und E-Strahlen) viel häufiger sein werden als die positiven (nur C-Strahlen), wie es den Messungen von ANDERSON entspricht. Ferner geben die D-Strahlen eine zwanglose Erklärung für die bei jedem Schauer auftretende Photonengarbe und die damit verknüpften Rückstrahleffekte. Man versteht aber auch aus unserem Bilde, daß bei einem Schauer infolge der dabei beteiligten energiereichen D-Quanten mehrere benachbarte Strahlenzentren gleichzeitig auftreten können.

Was nun die B-Strahlung selbst anlangt, so sind wir aus den in Ziff. *8* angegebenen Gründen zu der Annahme gezwungen, daß ihr eine gebündelte Struktur zukommt. Das bringt uns zu der noch nicht eindeutig beantwortbaren Frage, durch welche Prozesse die B-Strahlung aus der primären A-Strahlung entsteht. Wenn die A-Strahlung, wie hier angenommen wird, aus schweren Teilchen, z. B. Protonen, besteht, so ist es sehr unwahrscheinlich, daß es sich bei den B-Quanten um eine Bremsstrahlung handelt. Denn das extrem hohe Durchdringungsvermögen der A-Strahlen zeigt ja in Übereinstimmung mit der Theorie, daß diese Teilchen durch Ausstrahlung keine erhebliche Energie verlieren. Es bestehen aber noch andere Möglichkeiten, die Bündelstruktur der B-Strahlen zu verstehen. So hat BRAUNBEK (*13*) kürzlich nachgewiesen, daß ein sehr energiereiches Proton bei einem zentralen Stoß auf ein Elektron einen sehr erheblichen Energiebetrag auf dieses übertragen kann, da die relativistische Masse des Elektrons während des Stoßvorganges sehr stark anwächst. Ein solches Elektron könnte dann ein Bündel von B-Quanten als Bremsstrahlung emittieren. Eine neue Arbeit von BHABHA (*14*) läßt es auch als möglich erscheinen, daß das schwere A-Teilchen zunächst ein energiereiches Elektronenpaar erzeugt und daß dieses dann die B-Garbe emittiert. Herr BRAUNBEK und der Verfasser werden die quantitative Seite dieser Möglichkeiten demnächst näher diskutieren. Für das Folgende ist aber nur von Wichtigkeit, daß die verschiedenen hier angegebenen A→B-Prozesse eine gebündelte Struktur der B-Strahlung zur Folge haben.

Eine Bündelung der B-Strahlung erklärt uns aber nicht nur das Auftreten gleichzeitiger Schauerzentren, sondern macht uns auch die in Ziff. 9 unter b) und c) aufgezählten Besonderheiten verständlich, daß nämlich unter vielen kleinen Schauern vereinzelte, extrem große Schauer vorkommen und daß die Zahl der Schauer schon hinter Materieschichten relativ geringer Dicke stark absinkt. Wenn wir nämlich in einer Dreiecksanordnung nach ROSSI unter 1,5 cm Pb Koinzidenzzählungen vornehmen, so erfassen wir bei einer Koinzidenz nicht etwa die Wirkung eines vollen B-Quantenbündels, sondern im allgemeinen nur die eines einzelnen Quants aus einem solchen Bündel. Denn wegen der geringen Dichte der Luft kommen solche Quanten aus erheblicher Höhe und sind darum auch selbst bei geringer Winkeldivergenz in Nähe der Apparatur schon weit voneinander getrennt (Abb. 10a). Denken wir uns nun die ganze Luftmasse, aus der schauererzeugende Quanten noch die Zählrohre erreichen können, auf die Dichte einer Metallschicht zusammengedrängt (Abb. 10b), so wird in erster Näherung die Zahl der A→B-Prozesse pro cm² dieselbe bleiben, aber nur ein ganz kleiner Teil wird in den Zählrohren wirksam werden. Damit erklärt sich zwanglos die Erfahrungstatsache, daß man mit Zählrohren hinter einer dickeren Blei- oder Wasserschicht, soweit sie nur die B-Strahlung aus Luft absorbiert, nur wenige Schauer mehr beobachtet. Man vergleiche etwa die ROSSIsche Koinzidenzkurve (Abb. 2) bei größeren Bleidicken, oder man denke an die Messungen von AUGER und LEPRINCE-RINGUET (*15*) hinter 4 m Eis oder an die Beobachtungen von CLAY (*16*) in tiefem Wasser. Auch aus der HILGERT-BOTHEschen Tabelle (s. S. 118) kann die starke Verminderung der Schauerzahl hinter dicken Schichten leichten Materials abgelesen werden. Man versteht aber auch, daß nach Absorption der aus der Luft kommenden B-Strahlen durch einige Zentimeter Blei die frühere Koinzidenzhäufigkeit weder mit Kohle noch mit Paraffin auch in dicker Schicht wieder hergestellt werden kann.

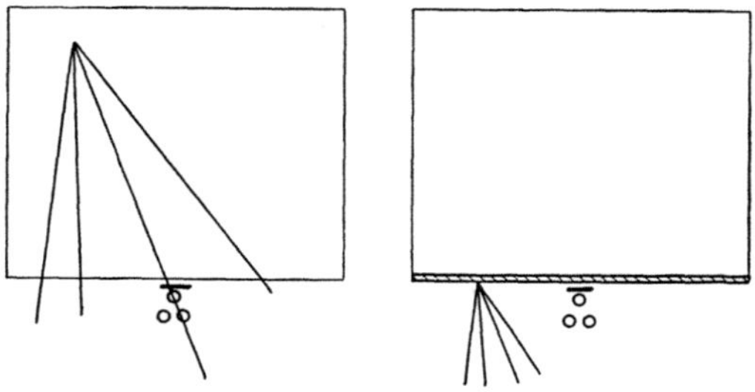

Abb. 10a. Abb. 10b.
Zur Deutung von Schauer und Stoß.

Soweit hinter dicken Schichten von Materie noch Schauer auftreten, müssen sie besonders strahlenreich sein, da sie ja aus einem noch dicht zusammengedrängten B-Strahlenbündel entstammen. Daß solche große Schauer (HOFFMANNsche Stöße) selbst hinter einer Wasserschicht von über 100 m Dicke noch auftreten, ist neuerdings unter Benutzung der von REGENER entwickelten Meßtechnik von WEISCHEDEL (*17*) überzeugend nachgewiesen worden.

Es ergibt sich nunmehr auch eine zwanglose Abgrenzung zwischen den Schauern und den HOFFMANNschen Stößen. Der Schauer wird ausgelöst durch ein einzelnes Quant, das aus einer Photonengarbe stammt, die in der Luft meist in großer Höhe über der Apparatur entstanden ist. Bei dem Stoß dagegen liegt die Ausgangsstelle der Photonengarbe in dem dichten Material über der Apparatur, so daß sich auf gedrängtem Raume ein großer Teil der Photonen schauererzeugend auswirken kann.

Literatur.

1. Auger, P., L. Leprince-Ringuet u. P. Ehrenfest: J. Physique et Radium **7**, 58 (1936); s. a. A. Berthelot: Memoire, Paris 1936.
2. Street, J. C., u. R. T. Joung: Physic. Rev. **47**, 572 (1935).
3. Nie, H.: Z. Physik **99**, 453 (1936); dort weitere Literatur.
4. Carmichael, H.: Proc. roy. Soc. Lond. A **154**, 223 (1936).
5. Montgomery, C. G., u. D. D. Montgomery: Physic. Rev. **48**, 786 (1935).
6. Geiger, H., u. O. Zeiller: Z. Physik **97**, 300 (1935).
7. Heidel, E. K.: Dissert. Tübingen 1935; s. a. R. Hosemann, Z. Physik **100**, 212 (1936).
8. Bernardini, G., u. D. Bocciarelli: Ric. scient. **6**, **II**, (1935).
9. Stevenson, E. C., u. J. C. Street: Physic. Rev. **49**, 425 (1936).
10. Herzog, G., u. P. Scherrer: J. Physique et Radium **6**, 489 (1935).
11. Hilgert, R., u. W. Bothe: Z. Physik **99**, 353 (1936).
12. Nie, H.: Z. Physik **99**, 776, 787 (1936); vgl. auch C. G. Montgomery u. D. D. Montgomery: Physic. Rev. **49**, 705 (1936).
13. Braunbek, W.: Z. Physik **96**, 600 (1935).
14. Bhabha, H. J.: Proc. roy. Soc. Lond. A **152**, 559 (1935).
15. Auger, P., u. Leprince-Ringuet: Papers and Discussions of the Internat. Conference on Physics, London 1934, Vol. I, p. 195.
16. Clay, J., u. P. H. Clay: Physica (II) **10**, 1042 (1935).
17. Weischedel, F.: Physik. Z. **36**, 796 (1935).

Ultrastrahlgarben von großem Durchdringungsvermögen.

Von W. Bothe-Heidelberg.

Bei früheren Koinzidenzmessungen unter einem Kohlefilter hatten sich Erscheinungen gezeigt, die versuchsweise auf Garben von abnorm hohem Durchdringungsvermögen zurückgeführt wurden (*1*). Für diese Deutung haben sich jetzt weitere Stützen ergeben. Herr Schmeiser hat mit vier trapezförmig angeordneten Zählrohren Vierfach-Koinzidenzen unter einem Kohlefilter variabler Dicke gemessen. Bis zu einer Kohledicke von 70 g/cm² (elektronenäquivalent 8 cm Blei) nahm die Häufigkeit der Koinzidenzen gleichmäßig zu, während die Rossische Kurve für die in Blei ausgelösten Garben ihr Maximum bereits bei 1,7 cm Blei hat. Um die Absorbierbarkeit dieser Garben noch direkt in Blei zu messen, wurden Bleischichten bis zu 4 cm Dicke zwischen die beiden oberen und die beiden unteren Zählrohre gebracht. Es zeigte sich, daß durch 4 cm Blei nur rund $^1/_3$ der Garben absorbiert wurde. Die Garben aus Blei, Eisen und Aluminium, wie sie normalerweise beobachtet werden, werden unter ähnlichen Bedingungen schon durch etwa 0,4 cm Blei um die Hälfte geschwächt (*2*). Die Erscheinung wird weiter verfolgt.

Literatur.

1. HILGERT, R., u. W. BOTHE: Z. Physik **99**, 353 (1936).
2. ROSSI, B.: Z. Physik **82**, 172 (1933). — O. ZEILLER, Z. Physik **96**, 131 (1935).

General survey of theory and experiment for high-energy electrons.

By E. J. WILLIAMS-Manchester.

With 2 figures.

Observations on the passage of cosmic-ray electrons through matter have aroused considerable interest in the problem of collisions. Prior to the discovery of these electrons by SKOBELZYN the fastest particles available for the investigation of this problem were the electrons emitted by radioactive bodies. These have velocities up to about 0.990 of that of light, which is of course well in the relativistic region. Their behaviour is in general accord with present theory[1]. The existence and availability of cosmic ray electrons has extended the field of investigation to what may be called an "ultra-relativistic" region, where the velocities extend up to within 0.0001% of that of light. In this region the requirements of theory diverge seriously from the *existing* experimental results. Some investigators were at first inclined to regard this divergence as not at all unexpected because the DE BROGLIE wavelength of the cosmic-ray electrons concerned is less than the classical electron-radius (*15*). However this circumstance has no significance as such. The perturbed electron in the system in which it is initially at rest attains no very high energies and its DE BROGLIE wavelength remains comparatively large. Actually the "ultra-relativistic" nature of the phenomena is represented by the extreme LORENTZ contraction of the perturbing field. The present situation would not be unsatisfactory if the discrepancies between theory and experiment in the different phenomena could be directly related to this contraction. Unfortunately however this does not appear to be possible, and for this reason the hypotheses which have so far been suggested regarding the limitation of existing theory can certainly not lead to a solution of the difficulties in all the phenomena. One is led to question the experimental results and more parti-

[1] With the exception of certain results recently reported by SKOBELZYN and Mme. STEPONOWA (*21*).

cularly the supposition that the cosmic ray particles concerned are in all cases electrons. If, as previously suggested by the writer in this connection, we suppose the higher energy particles to be protons then some of the more serious discrepancies are removed. This however entails the assumption that negative protons are also present. In view of this and certain other objections this possibility will not be considered until the problems have first been fully discussed on the usual supposition that the particles are electrons.

In chapt. 1 the main experimental results are summarised and compared with the requirements of theory. A general discussion of the theory is given in chapt. 2 and of its possible limitations in chapt. 3. An appreciable part of chapt. 2, viz. 2c, is devoted to a discussion of the actual derivation of the theoretical formulae involved, and is not really essential to the general theme. The paper concludes with a discussion of the proton hypothesis. New phenomena such as cosmic ray showers will not be considered except incidentally. Their discussion is outside the scope of this paper which is meant to cover only the ordinary effects which find a natural place in the present theory[1].

1. Relation of theory and experiment-summary.

We shall first consider the effects which are due to collisions between the moving particle and the atomic electrons of the matter traversed. Of chief practical interest amongst these are the primary and total ionisation and the production of fast secondary electrons.

With regard to the ionisation relativity theory leads to the interesting result that while the ionisation per cm ordinarily decreases with increasing energy of the moving electron, there is a slow rise with energy for electrons whose energy is large compared with mc^2 (eqn. 6) (*1*, *2*). This is shown by the full curve in figure 1, where the ionisation is expressed in terms of the minimum ionisation at $v \sim 0{,}97\,c$, energy $\sim 3\,mc^2 \sim 1^1/_2 \cdot 10^6$ volts. This curve has actually been drawn for electrons traversing atomic hydrogen but its shape is practically independent of the gas traversed and of the ionising particle. The absolute value of the minimum ionisation may be obtained from observations on the β-particles emitted by radioactive bodies. The observations of F. R. Terroux and the writer (*3*) using the Wilson-cloud method give for air at N.T.P. $I_{\min}=22$ ions/cm, and for hydrogen $I_{\min}=5.5$ ions/cm.[2]

[1] A less detailed discussion of the collision problems considered in this paper, including also a review of collisions in the non-relativistic region, was given recently by the writer in an article in Science Progress (July, 1936).

[2] These authors actually observed the ionisation in oxygen and hydrogen and did not use air. The value given above for air depends on subsequent observations by D. Cameron and the writer on the ionisation in nitrogen. The difference between the effect in nitrogen and in oxygen is small.

The observations which have so far been made on cosmic-ray electrons *provide no evidence for the increase in the ionisation on the high-energy side of the minimum* in fig. 1. They rather indicate that the ionisation remains constant in this region. The most significant measurements appear to be those of KUNZE (*4*) on the cloud-tracks of 10^9-volt electrons in air. KUNZE finds a mean of 19 ions per cm — even less than the observed minimum, and much less than the theoretical value which is about $1.7\, I_{\min} \backsim 37$ ions/cm. Similar results have recently been obtained by DANFORTH and RAMSEY (*5*) who estimated the primary ionisation from the observed efficiency of GEIGER-MÜLLER counters at different pressures of the enclosed gas. The initial linear variation with pressure indicates that the counter responds to a single ionisation. Assuming this result the above authors find the primary ionisation by cosmic-ray electrons to be 21 per cm in air at N.T.P. and 6.2 in hydrogen, values which do not differ to any significant extent from the "minimum" values given above.

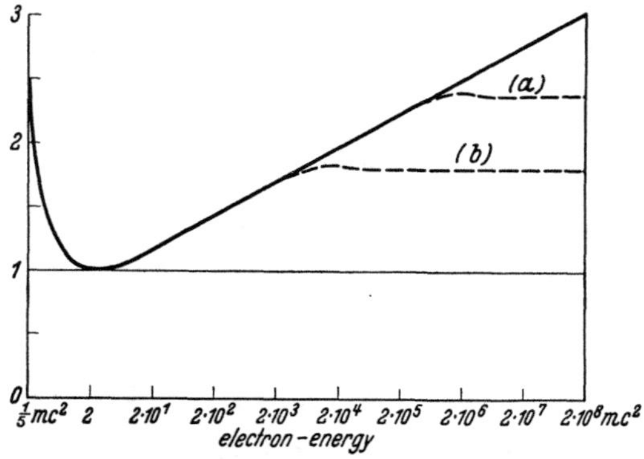

Fig. 1. Theoretical primary ionisation due to high-energy electrons.

The theoretical total ionisation per cm varies with energy in a similar way to the primary ionisation, though the rise on the high-energy side of the minimum is not quite as pronounced (eqn. 7). Several observations have been made on the number of ions per cm along diffused tracks of cosmic-ray electrons (*6*, *7*). While it is not certain that the results represent the total ionisation, owing to possible incomplete resolution of the droplets, the results as far as they go corroborate those obtained for the primary ionisation, giving no indication that the ionisation by cosmic-ray electrons is greater than the ionisation by 1 to 2 million volt electrons.

The frequency of the production of single secondary electrons of energy large compared with mc^2 by cosmic-ray electrons has been measured by C. D. ANDERSON (*8*) by counting the branch tracks to which they give rise. The results are in substantial agreement ($\pm 30\%$) with the theoretical number of secondaries produced by close collisions with the atomic electrons (MØLLER's formula, eqn. 8). The primary electrons in these experiments had energy of the order of 10^9 volts, the secondary electrons energy ranging from about 10^7 to 10^8 volts.

Collisions with atomic nuclei give rise to scattering, emission of radiation (X-ray effect), and the production of electron-pairs.

For electrons with energy of the order of 10^8 volts the theoretical loss of energy due to the emission of radiation is considerably greater than the energy lost in mechanical collisions with the atomic electrons. Observations by C. D. ANDERSON on the loss of energy by cosmic-ray electrons in lead plates have verified this general result (*8*). The radiative energy-loss is however less than the actual amount required by theory (eqn. 15). The observed loss is about $^2/_3$ of the theoretical value for $3 \cdot 10^7$ volt electrons, and about $^1/_3$ for 10^8 volt electrons. That the ratio to the theoretical value continues to decrease rapidly with increasing primary energy is indicated by the absence of the large tertiary effects one would expect from the emitted radiation. For primary electrons of energy greater than about $137\, Z^{-1/3}\, mc^2$ ($\sim 10^7$ volts for lead) traversing a plate of thickness t the ratio of the number of secondary electron pairs of total kinetic energy $2\,Q$ produced indirectly in the plate by the emitted radiation, to the number of secondary electrons produced directly by collisions with the atomic electrons (MØLLER's formula) may be shown to be approximately[1]

$$\varrho = \frac{8}{3\pi} \frac{e^2}{\hbar c} \frac{ZQ}{mc^2} \log\left(\frac{\hbar c}{e^2 Z^{1/3}}\right) \frac{\mu t - 1 + e^{-\mu t}}{\mu t} .$$

μ is the absorption coefficient (due to pair production) of the material traversed for radiation of frequency $\nu = Q/h$. Substituting for μ its theoretical value for $h\nu \sim 10^8$ volts (μ varies only slowly with ν in this region) we have, for lead, $\varrho \sim 0.8\, Q/mc^2$. Thus, for $Q \sim 100\, mc^2$, as in ANDERSON's experiments, the positive and negative electrons produced indirectly according to theory outnumber the negative electrons produced directly by a factor of the order of a 100.[2] The facts that the formula for the direct effect is sufficient to account for the observed number of secondaries, and also that the observed secondaries are nearly all negative electrons, therefore means that the actual indirect effect is at least a 100 times less than its theoretical value. Part of the discrepancy is probably due to the pair-production coefficient for $h\nu \sim 10^8$ volts being less than the theoretical value. We would expect the latter discrepancy to be of the same order as that for the radiative effect for 10^8 volt electrons, and therefore to be represented by a

[1] The number of pairs produced *directly* by the primary electron in the field of the atomic nuclei can be neglected. Actually the ratio of this to the number of direct secondaries is (from eqn. 16) roughly $0.3\, ZQ/137^2\, mc^2$. Even for lead this is not more than about 0.1. No conclusion regarding the validity of this result can be drawn from existing experiments on cosmic-ray electrons.

[2] Allowance for the fact that the indirect secondaries have their origins nearer to the emergent side of the plate would make this ratio still bigger.

factor of 2 or 3. This would leave the bulk of the discrepancy to the radiative effect, which for 10^9 to 10^{10} volt electrons would thus be not more than a few percent of the theoretical value[1].

ANDERSON's observations on the scattering of cosmic-ray electrons by a lead plate would seem to be in fair agreement with theory (*9*). Under the conditions of the experiments—plate thickness 1.1 cm—the resultant deflection of the electron by the plate is due to 'multiple' scattering and is given by formula (*13*). For electrons with energies ranging from 10^8 to $3 \cdot 10^8$ volts this formula gives a mean deflection ranging from $3°$ to $8°$—an average of $5^1/_2°$. ANDERSON finds for such electrons an average deflection of $4.9°$.

Thus of the various phenomena which are here considered the ionisation and the radiative effect are the ones which present the most conspicuous discrepancies.

2. General discussion of theory.

(a) 'One-body' problems. Nearly all the effects considered in the previous section have in common the simplifying feature that they are effectively one-body problems. This is so because in the collisions concerned one of the particles is clearly distinguished as the perturbed particle, while the role of the other particle (or particles) is merely to provide a perturbing field. The condition for this distinction is that the reaction on the particle we choose to call the perturbing particle be so small that the resulting modification of its field can be neglected in so far as its effect on the perturbed particle is concerned. In the ionisation we regard the atomic electron as the perturbed particle, the

[1] According to a recent private communication from Dr. ANDERSON (to Dr. HEITLER and which we take the liberty of referring to here) the energy losses previously reported by him, and quoted above, are not representative of the true average energy loss. This is so because the WILSON-chamber used was counter-controlled and therefore did not record those electrons which had suffered so large energy losses that they were stopped in the lead plate inside the chamber, and therefore did not actuate the second counter. ANDERSON states that allowance for this systematic omission of very large losses leaves no significant departure from theory for primary electrons with energies up to about $4 \cdot 10^8$ volts. The circumstances of ANDERSON's experiments however do not affect his results for the frequency of production of secondary electrons and electron-pairs with energy of about 10^8 volts by primaries of energy around 10^9 volts, because such secondaries represent only a small energy loss and do not prevent the primary electron from actuating the second counter. It therefore appears that allowance for the counter-controlling of the chamber in ANDERSON's experiments only delays the break-down of the radiative formula up to about $4 \cdot 10^8$ volts. This does not affect the present discussion apart from having a bearing on the supposition that the particles may be protons and not electrons, which is discussed at the end of the paper.

incident electron as the perturbing one. The condition for the distinction is satisfied because in these collisions the energy transfer is negligible compared with the energy of the incident electron so that the motion of the latter is not changed by the collision.

In the scattering, and the emission of radiation, the collisions are between the incident moving electron and an atomic nucleus. Here the perturbed particle is the incident electron, the perturbing particle the atomic nucleus. The distinction is possible because owing to its large mass the nucleus is practically unaffected by the electron. In a system, S_0, in which the electron is initially at rest, the nucleus may be assumed to move with uniform velocity.

The phenomenon of the production of electron-pairs by an electron in the field of an atomic nucleus involves the moving electron, the nucleus and, according to present theory, an electron in a DIRAC negative energy state. The latter is the perturbed particle, the moving electron and the atomic nucleus provide the perturbing field. The effect of reaction on the atomic nucleus is again small owing to its large mass. The reaction on the incident electron is important only when the energy of the electron-pair produced is comparable with the incident energy. Such electron-pairs are rare and not involved in the actual application of the theoretical formula. In nearly all pair-producing collisions the nucleus and incident electron may accordingly be assumed to be undisturbed.

The small change in the motion of the perturbing particles in the above phenomena means that they do not enter into the *mechanics* of the problem. Mechanics has to be applied only to the perturbed particle, and this is what is meant by the statement that the problems concerned are effectively one-body problems. The theoretical treatment thus virtually reduces to the following steps.

(I) Representation of the electromagnetic field of a particle moving with uniform velocity.

(II) The calculation of the behaviour of an electron (which in all cases is the perturbed particle) in a given electromagnetic field.

Here, and in the subsequent discussion, unless otherwise stated, we consider the phenomenon in a system, S_0, in which the perturbed electron is initially at rest (or on the average at rest).

(b) Non-'ultra-relativistic' nature of perturbation problem. The energies attained by the perturbed electron in the various effects under consideration are in general only of the order of mc^2 or less. In the 'primary ionisation' for example the energy transfer Q in practically all the collisions concerned is only of the order of the ionisation potential of the outer atomic electrons i.e. 10 to 50 volts. The total ionisation per cm involves somewhat bigger energy transfers, up to about 1000 volts.

In both phenomena the energy of the perturbed electron after, as well as before, the collision is much less than mc^2 ($\sim 10^6$ volts).

In the radiative effect the perturbed particle in the actual system of observation, S, is the incident high-speed electron, and collisions in which the electron loses a large part of its energy are very important. Even so, in the system S_0, in which the electron is initially at rest, practically the whole radiative effect comes from collisions in which the energy acquired by the electron is of the order of, or less than, mc^2. It may be shown that if the electron, in the actual system S, loses a fraction α of its energy, then in S_0 it acquires from rest an energy of the order of $\alpha\, mc^2$.

Regarding nuclear scattering in non-radiative collisions the scattering through an angle θ in S corresponds to the acquisition of energy in S_0 of (representing v/c by β, and $(1-\beta^2)^{-1/2}$ by ξ)

$$Q_0 = 2\beta^2 \xi^2 \sin^2\frac{\theta}{2}\, m c^2 \sim \frac{1}{2}\beta^2 \xi^2 m c^2 \theta^2 . \qquad (1)$$

The scattering of very high energy electrons in traversing a cm or so of lead (as in the experiments of ANDERSON for example) is due to single scattering through angles varying from θ_1, given by (10), to θ_2 given by (12). From (1) this corresponds to a range of Q_0 from about $(Z/137^3)^{2/3} mc^2$ to about $Z^2(2\pi N e^4 t/mc^2)$. For the scattering by a cm of lead the latter does considerably exceed mc^2 ($\sim 50\, mc^2$) [1], but still a large part of the scattering is contributed to by collisions with $Q \lesseqgtr mc^2$.

In the phenomenon of the production of electron-pairs the perturbed electron is in a negative energy state. The treatment of the problem on the basis of a FOURIER analysis of the fields of the perturbing particles (*10*) has shown that the effect is reducible to the production of pairs by two quanta, whose energies in a system, S', in which they have equal and opposite momenta, is only of the order of mc^2. In other words the absolute value of the energy of the perturbed electron before and after the collision is only of this order in the frame of reference S'.

Thus in an appropriate coordinate system the mechanics of the perturbation problem for the various effects does not involve energies much greater than mc^2.

(c) Actual theoretical formulae concerned and general derivation. The relativistic modification of the field of a fast electric particle may be regarded as a contraction of the field in the direction of motion by a factor $(1 - v^2/c^2)^{-1/2} = \xi$ say, together with a corresponding increase in the intensity of the magnetic field and of the transverse electric field. This represents the relativity effect in the various phenomena under consideration in so far as it concerns the perturbing particle, which as we have already seen moves with uniform velocity during the collisions.

[1] In a system S' in which the electron's velocity is reversed by the collision the maximum energy involved, which is $g \cdot mc^2$ in S_0, is reduced to $\sqrt{g}\, mc^2 \sim 7\, mc^2$.

The relativity correction to the *primary ionisation* and *total ionisation* per cm — which do not depend on collisions with energy losses $Q \gtreqless mc^2$ — arises entirely from the effect of the above LORENTZ contraction on the impact parameter, ϱ', at which the conditions of perturbation of the atomic electrons by the moving particle become adiabatic (*2*). This impact parameter is one which gives a time of collision of the order of the natural period, $1/\nu$, of the atomic oscillators. The LORENTZ contraction of the perturbing field, in reducing the time of collision for a given impact parameter by a factor ξ increases ϱ' from $\varrho'_{\text{n.r}} \backsim v/2\pi\nu$ to

$$\varrho'_{\text{rel}} \backsim \xi v/2\pi\nu\,. \tag{2}$$

The energy transfer inside the adiabatic limit is unaffected because the LORENTZ contraction leaves the time-integral of the perturbing force unchanged, and for ϱ greater than atomic dimensions and less than ϱ' the average energy transfer is equal to the classical transfer to a free electron viz. $2e^4/mv^2\varrho^2$. The relativity effect is accordingly an increase in the energy loss per cm of

$$\int_{\varrho'_{\text{n.r}}}^{\varrho'_{\text{rel}}} NZ\,2\pi\varrho\,d\varrho \cdot 2e^4/mv^2\varrho^2 = (2\pi e^4 NZ/mv^2)\log\xi\,. \tag{3}$$

Strictly speaking there is, besides this, a decrease in the small 'resonance' effect of the component of the perturbing field parallel to the direction of motion in collisions with $\varrho \backsim \varrho'$. This decrease may be written $(2\pi e^4 NZ/mv^2)\log e^{-v^2/c^2}$, so that the resultant relativity effect is an increase in the energy loss per cm of

$$\delta(dT/dx) = (2\pi e^4 NZ/mv^2)\log\xi e^{-v^2/c^2}\,. \tag{4}$$

It is important to emphasise that since the energy transfers in the individual collisions in the phenomena concerned are much less than mc^2 the mechanics involved is purely non-relativistic. The actual theory involved is represented by the expression

$$\varrho(1,2) = (e^2/\hbar^2)\left|\int_{t_1}^{t_2}\int_{\text{all } r} V(t,r)\,e^{2\pi i(E_2-E_1)t/h}\psi_1(r)\,\psi_2(r)\,d\tau_r\,dt\right|^2 \tag{5}$$

for the probability that a weak electric potential $V(t,r)$ excites an electron from a state ψ_1 at t_1 to a state ψ_2 at t_2.

The non-relativistic formula for the primary ionisation, due to BETHE (*11*), is

$$I_{\varrho,\,\text{n.r}} = (2\pi e^4 N/mv^2)\sum_{r=1}^{Z}(\gamma'_r/J_r)\log(\gamma''_r mv^2/J_r)\,.$$

N is the number of atoms per cc, Z the number of electrons per atom, J_r is the ionisation potential of the "r^{th}" electron, and γ'_r and γ''_r are numerical factors. The relativistic formula is simply the sum of this and the primary ionisation due to the extra energy loss given by (4) (*26*). The latter gives an extra ionisation of $\delta(dT/dx)\cdot\sum\gamma'_r/J_r$ (*12*). Hence

$$I_{\varrho,\,\text{rel}} = (2\pi e^4 N/mv^2)\sum(\gamma'_r/J_r)\log(\gamma''_r mv^2\xi e^{-v^2/c^2}/J_r)\,. \tag{6}$$

It is the appearance of ξ in the logarithmic term, due to the extra energy loss $\delta(dT/dx)$, that makes the primary ionisation increase with energy for high-energy electrons.

The "total" ionisation per cm is the sum of the primary ionisation and the ionisation produced by secondary electrons. The effect of secondary electrons with appreciable energy is however not usually included in measurements of the total ionisation because of their infrequent occurrence and the fact that they produce their ionisations at a distance away from the primary track. In WILSON-cloud measurements involving a total track length a the maximum energy W of the secondary electrons concerned is of the order of $(2\pi e^4 N Z a/m v^2)$ (unless this exceeds the energy of branch tracks which are known not be included).

The rate of loss of energy in collisions with energy transfers $Q < W$ by fast electrons, which is obtained by adding $\delta(dT/dx)$ to the non-relativistic formula (*11*), is $(2\pi e^4 N Z/m v^2)\log(2 m v^2 W \xi e^{-v^2/c^2}/\overline{E}^2)$. $\overline{E}/h$ is the geometric mean frequency of the atomic oscillators[1, 2]. Denoting the average energy lost per ion produced by S [3] the total ionisation per cm is therefore

$$I_{T,\,\mathrm{rel}} = (2\pi e^4 N Z/m v^2 S)\log(2 m v^2 W e^{-v^2/c^2}\xi/\overline{E}^2) \tag{7}$$

which owing to the factor ξ in the log term varies with the energy in just the same way as the primary ionisation. The relative rate of increase for high energies is however somewhat less than for the primary ionisation because the absolute value of the log term is a little greater.

The *production of fast secondary electrons* energy $Q = \varepsilon\, m c^2 \gg m c^2$, does not enter into the above ionisation effects. The theory of such collisions has been developed by MØLLER (*1*) using DIRAC's theory of the electron. However, apart from energy transfers of the order of the maximum value, $\xi\, m c^2$, the refinements of DIRAC's theory regarding the spin of the electron are not involved and the number of secondaries per cm with energy Q is

$$\Phi(Q) = 2\pi e^4 N Z/m v^2 Q^2 . \tag{8}$$

The *scattering of fast electrons by atomic nuclei* according to DIRAC's relativistic theory has been calculated by MOTT (*13*). In actual experiments on cosmic-ray electrons the scattering is only through small angles, and what is directly measured is generally the projection, θ, of the angle of scattering on a plane containing the initial direction. MOTT's general formula gives for the probability of a collision giving θ between θ and $\theta + d\theta$ in a path length t

$$\Phi(\theta)\, d\theta = (4\pi e^4 N Z^2/\xi^2 m^2 v^4)\, t\, d\theta/\theta^3 . \tag{9}$$

This result, in the same way as the above for the frequency of branches, does not involve spin effects, by virtue of θ being small. Owing to the shielding of the nucleus by the atomic electrons (9) is applicable only to scattering through angles greater than

$$\theta_1 \backsim \hbar/m v \xi R . \tag{10}$$

R is the shielding radius, and is of the order of $Z^{-1/3} \times$ hydrogen radius $\backsim Z^{-1/3}\gamma(\hbar/mc)$, where $\gamma = \hbar c/e^2 \backsim 137$. The value of $\Phi(\theta)$ for $\theta \ll \theta_1$ is negligible compared with $\Phi(\theta)$ given by (9).

If the conditions are those of 'single' scattering, (9) can be directly compared with experiment. However if the scattering is multiple the final deflection is the

---

[1] W is generally appreciably greater than the ionisation potentials of the atomic electrons. The formula given depends to some extent on this assumption.

[2] The theoretical value of $\overline{E}$ for hydrogen is 15 volts and about 44 volts for helium, and these agree satisfactorily with the empirical values deduced from the observed ranges of α-particles and X-ray photoelectrons. For air the empirical value is about 150 volts and in general $\overline{E}$ may be taken with sufficient accuracy to be about $20\,Z$ volts.

[3] The absolute value of S may differ somewhat from the empirical values for α-particles and slow electrons, owing to the presence of an appreciable number of secondary electrons with insufficient energy to produce *any* secondary ionisation, and also to possible variations in the effect of impurities which affects the ordinary measurements of S for slow particles. S in (7) may however safely be assumed to be independent of energy in the relativistic region, so that (7) is adequate to give the relative variation with ξ.

resultant of a large number of independent deflections whose distribution is given by (9). The average value, α_m, of the projected resultant deflection can be calculated from the law of addition of random errors and may be shown to be given by[1]

$$\alpha_m^2 = (2/\pi)\int_{\theta_1}^{\theta_2} \theta^2 \Phi(\theta)\, d\theta = (8 e^4 N Z^2 t/\xi^2 m^2 c^4) \log(g\theta_2/\theta_1)\,. \tag{11}$$

θ_2 is such that the average number of single scatterings through angles greater than θ_2 is of the order of unity. Thus $\int_{\theta_2}^{\pi} \Phi(\theta)\, d\theta = 1$ giving

$$\theta_2^2 = 2\pi e^4 N Z^2 t/\xi^2 m^2 c^4\,. \tag{12}$$

$$\alpha_m^2 = (4 e^4 N Z^2 t/\xi^2 m^2 c^4) \log(2\pi N Z^{4/3} t \hbar^2 g/m^2 c^2)\,. \tag{13}$$

The condition for multiple scattering is $\alpha_m \gg \theta_2$ i.e. $\theta_2 \gg \theta_1$ or $2\pi Z_{4/3} N t (\hbar/mc)^2 \gg 1$. The condition is independent of the energy of the electrons. For lead, for example, the scattering is single or multiple according as the thickness traversed is less or greater than about a mm. It might be pointed out that when the scattering is multiple the distribution of α is GAUSSian with a maximum at $\alpha = 0$. α_m given by (*13*) is the average value of the absolute value of α. For α appreciably greater than α_m the GAUSSian distribution tails off to the single scattering given by (*9*). This 'tail' however makes no significant addition to the value of α_m.

The acceleration of an electron in the field of an atomic nucleus gives rise to the *emission of radiation*. A detailed theoretical treatment of the problem in which the emission of radiation is regarded as due to spontaneous transitions between stationary states in the continuous spectrum has been given by BETHE and HEITLER (*15*). The general results may however be obtained, and the essential steps of the theory more readily seen by the method used by VON WEIZSÄCKER (*16*), and by the writer (*14, 10*). In this method the effect is considered in the system, S_0, in which the electron is initially at rest, and the emission of radiation due to the action of the field of the moving nucleus is compared to the scattering of radiation. Making a FOURIER analysis of the perturbing field, and assuming the formula of KLEIN and NISHINA for the scattering of radiation, the method shows that owing to the falling off of the KLEIN-NISHINA scattering with $1/\nu$, for $\nu > mc^2/h$, only those frequencies in the perturbing field of the order of mc^2/h or less are important (in so far as the transformed effect in the actual system S is concerned). The adiabatic limit for such frequencies is defined by the impact parameter

$$\varrho_R' = \xi c/2\pi\nu \sim \xi(\hbar/mc)\,. \tag{14}$$

In actual experiments this quantity generally exceeds the shielding radius, R, $\sim Z^{-1/3}\gamma\,\hbar/mc$. Under these conditions the formula derived by BETHE and HEITLER for the average rate of loss of energy by the electron in the actual system S is

$$(dT/dx)_R = \xi(4 e^6 N Z^2/m^2 c^5 \hbar) \log(1\cdot 6 Z^{-1/3} \hbar c/e^2)\,. \tag{15}$$

The appearance of ξ in this formula comes from the LORENTZ transformation from S_0 to S.

According to DIRAC's theory the passage of fast electrons through the field of an atomic nucleus may give rise to a *pair of positive and negative electrons*. The effect may be regarded as the excitation of an electron from a DIRAC negative energy state to an ordinary state of positive energy due to the simultaneous action of the field of the incident electron and that of the nucleus (*10*). The exact cross section for the production of pairs of different energies has not been calculated.

[1] Cf. W. BOTHE: Z. Physik **5**, 63 (1921).

The number of pairs per cm, of energy, E, of the order of 10^6 to 10^7 volts, is roughly (10, 17)

$$\Phi(E) \approx \{(2/\pi)\,\gamma^{-1}\log(\xi mc^2/E)\,E^{-1}\} \times \{\gamma^{-1}NZ^2(e^2/mc^2)^2\}. \tag{16}$$

The first factor may be regarded as the number of light quanta of energy E to which the electron's field is equivalent, the second as the probability of pair production per cm by a light quantum of this energy in the material transversed.

(d) Distance of approach, ϱ.[1] This is of considerable importance in considering the possible limitation of the theory. The ranges of ϱ involved in the different effects under consideration are represented in fig. 2, in terms of (e^2/mc^2) as unit of length. The scale is logarithmic and the contributions of collisions with different ϱ is such that on this scale they are proportional to the corresponding distances along the abscissae. In certain cases the upper limit to the range of ϱ depends on the energy of the cosmic-ray electron, and in these cases the lines in the figure have been drawn for electrons of 10^9 volts energy, corresponding to $\xi \backsim 2{,}000$.

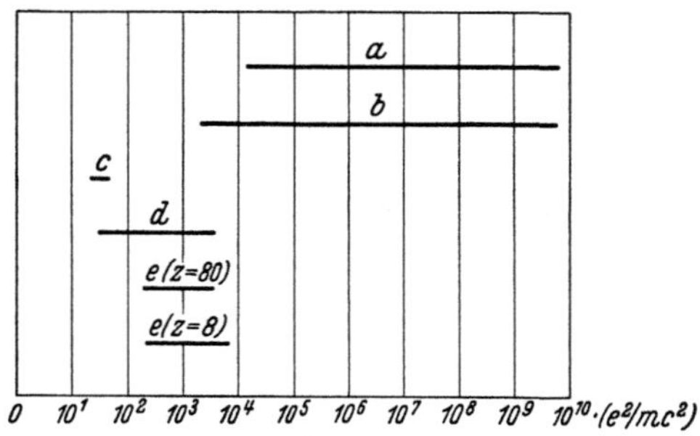

Fig. 2.

(a) Primary ionisation (b) Total ionisation (c) Branch-production (d) Nuclear scattering (e) Radiative effect

The general formulae for the range of ϱ follow from the discussion in the previous section, and are as follows.

Primary ionisation. $\varrho_{\min} \backsim \hbar/\sqrt{mJ}$, $J \backsim$ ionisation potential of outer atomic electrons, $\backsim mc^2\gamma^{-2}$ $(\gamma = \hbar c/e^2 = 137)$. $\varrho_{\max} \backsim \varrho'_{\text{rel}}$ (eqn. 2) $\backsim \xi\gamma^3(e^2/mc^2)$. Thus in units e^2/mc^2

$$\gamma^2 \leqq \varrho \leqq \xi\gamma^3. \tag{17}$$

Total ionisation. $\varrho_{\min} \backsim \hbar/\sqrt{mW}$, where W = maximum energy of secondary electrons contributing to the ionisation (N.B. $W \ll mc^2$). $\varrho_{\max} = \varrho'_{\text{rel}}$. Thus

$$\gamma^2(20/W)^{1/2} \leqq \varrho \leqq \xi\gamma^3. \tag{18}$$

In the figure $W \backsim 1{,}000$ volts.

Nuclear scattering. The momentum transfer, p, to an electron scattered through an angle θ is of the order of $mc\xi\theta$, and if $Ze^2/\hbar c \ll 1$ (so that BORN's approximation may be used) the distance of approach in-

[1] The conception of distance of approach does not necessitate the possibility of a treatment by means of the method of impact parameter. Whatever method is used the distance r between the colliding particles enters into the theory and it is always possible to define the range of r which contributes mostly to the final result. When the method of impact parameter can be used the range of effective r is of course the same as the range of effective impact parameter.

volved is of the order $\hbar/p \sim \hbar/mc\xi\theta$. Multiple scattering depends on single scattering through angles varying from θ_1 given by (10) to θ_2 given by (12), and the range of ϱ is

$$\gamma Z^{-1}(4\pi N t)^{-1/2} \leqq \varrho \leqq \gamma Z^{-1/3}. \tag{19}$$

The figure refers to the scattering by 1 cm of lead.

Secondary electrons. Energy Q, $= \varepsilon mc^2$, $\gg mc^2$. Such electrons scatter the primary electron through an angle $\theta \sim (2\varepsilon)^{1/2}\xi^{-1}$ and $\varrho \sim \varepsilon^{-1/2}(\hbar/mc)$, which in units e^2/mc^2 is

$$\varrho \sim \varepsilon^{-1/2}\gamma. \tag{20}$$

Radiative energy loss. $\varrho_{\min} \sim \hbar/mc$ (*15*). If $\xi > \gamma Z^{-1/3}$ then from (*14*) et seq. $\varrho_{\max} \sim$ shielding radius R, $\sim Z^{-1/3}\gamma^2(e^2/mc^2)$. Accordingly under these conditions

$$\gamma \leqq \varrho \leqq \gamma^2 Z^{-1/3}. \tag{21}$$

It is instructive to compare the actual target area, A, (which is defined by the limits of the distances of approach in collisions which may give rise to the effect) with the "effective" target area, a. The latter of course is a measure of the probability that an effect happens, in terms of the hypothetical area which when hit by the incident particle would certainly give rise to the effect. Its values for the effects considered here follow directly from the formulae in the previous section. In the case of a collision of a fast electron with an atomic electron, for instance, the effective target area for excitation or ionisation is of the order of $\gamma^2(e^2/mc^2)^2 \log(\xi\, mc^2/J)$. On the other hand the dimensions of the actual target area, A, are at least of the order of $\varrho_{\min} \sim \gamma^2(e^2/mc^2)$. It follows that $a/A < \gamma^{-2}\log(\xi\, mc^2/J) \sim 10^{-3}$. This is much less than unity which means that in any given collision the probability of anything happening to the perturbed electron is very small. This result also holds to a greater or less extent in the other types of collisions considered[1]. This is very important because it justifies the approximations made in the calculations (as represented by BORN's "first approxi-

[1] In those phenomena in which a large range of ϱ is involved it is more significant of course, to consider the differential effective area, δa, due to collisions corresponding to a variation, $\delta\varrho$, of ϱ. In that case the differential of the actual target area, δA, is $2\pi\varrho\, d\varrho$. For excitation and ionisation with $\varrho \sim n\,\varrho_{\min}$. $\delta a/\delta A \sim n^{-2}\gamma^{-2} \sim n^{-2}\,137^{-2} \ll 1$.

It might be mentioned that in considering the applicability of BORN's approximation to a given effect the contributions to δa of other effects, which produce a significant disturbance of the perturbed electron, have to be included before comparing with δA. On the other hand if the disturbance due to these other effects is not serious the corresponding contributions to δa need not be considered. In the radiative effect for instance the contribution of *scattering* to δa need not be included if the corresponding energy transfer in the system S_0, where the electron is initially at rest, is much less than mc^2. This is so because the scattering power of the electron is practically independent of its velocity if this is much less than that of light.

mation"), thereby enabling results to be obtained which are not open to any serious errors of computation[1]. It is for this reason that such deviations from experiment as those quoted in chapt. 1 have to be attributed to a breakdown in the basic equations of motion. We shall now proceed to consider this question.

3. Limitation of theory.

It has been pointed out that in the various phenomena the perturbation is a one-body problem, and accordingly a breakdown of existing theory cannot be associated with its limitation to deal with two-body problems. The calculations reduce to the two steps given in chapt. 2a, viz.

a) Representation of the electromagnetic field of a particle moving with uniform velocity (at distances away very large compared with e^2/mc^2).

b) Calculation of the behaviour of an electron in a given electromagnetic field.

a) depends on the field of a stationary charge and the LORENTZ equations of transformation. These are well established and will be accepted here. The source of error must accordingly be sought for in b). This depends on

α) the LORENTZ expression $F=(E+Hv)e$ for the force on an electron,

β) the quantum mechanics of the motion of an electron in a given field of force.

This subdivision of b) is however rather artificial and the following division is more helpful:

(α′) the quantum-mechanical conditions under which the different FOURIER components of the perturbing field have independent effects, and under which the effect of any one component is the same as that of homogeneous radiation of the same frequency and intensity.

(β′) the quantum-mechanics of the behaviour of an electron subjected to homogeneous radiation.

The significance of this division for the radiative effect comes from the calculations of VON WEIZSÄCKER and the writer (see chapt. 2c) who treated the problem by applying the KLEIN-NISHINA formula for the scattering of radiation to the "scattering" of the FOURIER components of the field of the nucleus (in the system S_0). The method of treatment is justified by existing theory because the conditions (α′) are satisfied. The calculations show that, however high be the energy of the electron in S, practically all the radiative effect comes from the action of those FOURIER components whose frequencies in S_0 *are of the order of* mc^2/h

[1] The fact that $a \ll A$ also means that there cannot be any reduction in the frequency of occurance of the phenomena under consideration through the appearance of "new" phenomena such as showers.

or less. There is *direct experimental evidence* that the KLEIN-NISHINA formula holds very accurately for such frequencies. If therefore the actual radiative effect is much less than the theoretical value, as is indicated by existing experiment, we must conclude that the error is in (α'). We are led to the same conclusions in the case of the phenomenon of the primary ionisation[1].

This result would mean that under the conditions of perturbation existing in the above phenomena the FOURIER analysis method, though quite valid according to existing theory, is actually not permissible. Its validity in existing theory essentially depends on the linearity of the equations of motion in quantum-mechanics. The experimental results would therefore indicate a breakdown of this linearity.

Quantum-mechanics has been found to apply to the motion of an electron under widely varying conditions. If therefore it fails in the above phenomena the failure must be attributed to the high energy of the cosmic-ray electrons, since this is the only unusual feature. We have however already seen (chapt. 2b) that however high this energy may be the energy attained by the perturbed electron in the system S_0, where it is initially at rest, is in all cases not very high, being at the most only of the order of mc^2. Such energies are no greater than those met with in experiments involving the β-particles and γ-rays emitted by radioactive substances. In this region quantum-mechanics has received considerable confirmation as is evidenced by the results for the scattering of, and production of "pairs" by γ-rays, and the scattering and production of secondary electrons by β-particles[2]. The high energy of the cosmic-ray electrons ($\xi\, mc^2$) may however give rise to unusual conditions through the fact that the LORENTZ contraction of the perturbing field in S_0 is directly dependent on ξ. On account of

[1] As has been pointed out by the writer (*2c*) the FOURIER analysis method reduces this effect to the photoelectric absorption of radiation of frequency $\sim J/h \ll mc^2/h$ (J = ionisation potential of outer atomic electrons). It might also be pointed out that the scattering through small angles reduces to the action of the FOURIER components with infinitesimal frequencies, and is independent of the presence of high frequencies.

[2] Admittedly certain anormalous effects in this region have been recently reported by SKOBELZYN and Mme. STEPANOWA (*21*) regarding the loss of energy and pairproduction by β-particles, the loss of energy effect being also found by LEPRINCE-RINGUET (*22*). In all cases however the anomaly is such that the effect observed greatly *exceeds* that theoretically expected. In view of this and the success of the theory for the scattering and pair-production by γ-rays, it is fairly certain that if there are such anomalous effects they have a different origin from, and exist over and above, the effects required by existing theory. Their operation in cosmic-ray collisions would only enhance effects, and it is safe to assume that they have little to do with the limitations of theory under discussion here (where the observed effects are *less* than the theoretical expected ones).

this contraction the scale of variation of the field parallel to the direction of motion of the perturbing particle (charge ze) at a distance ϱ from its path is

$$\eta \backsim \varrho\,(1 - v^2/c^2)^{-1/2} = \varrho/\xi \tag{22}$$

and the corresponding field strength is

$$E \backsim \xi z e/\varrho^2 . \tag{23}$$

If now the distribution of ϱ in the different phenomena were such that the indicated failure of the theory could be correlated with some extreme values of η, or of E, the situation would not be unsatisfactory. Unfortunately however such a correlation is not possible, if we accept *all* the experimental results quoted in chapt. 1

The ranges of η and E in the different phenomena, under the conditions of the actual experiments, are given in the following table. η is expressed in terms of e^2/mc^2 as unit, and E in terms of e/b^2, $b^2 = (e^2/mc^2)\,(\hbar/mc)$.

The values given follow from (22) and (23) and the ranges of ϱ given in chapt. 2d. The table of course only indicates order of magnitude.

Effect	Range of η in units e^2/mc^2	Range of E in units e/b^2
Primary ionisation by 10^9-volt electrons . . .	$50 \rightarrow 10^6$	$2 \cdot 10^{-5} \rightarrow 10^{-13}$
Production of branches of 10^7-volts energy by 10^9-volt electrons	10^{-2}	500
Multiple scattering of 10^8-volt electrons by 1 cm of lead	$0.2 \rightarrow 20$	$10^3 \rightarrow 10^{-1}$
Average Radiative energy loss in lead per cm, by		
10^8-volt electrons	$1 \rightarrow 20$	$4 \rightarrow 10^{-6}$
10^9-volt electrons	$0.1 \rightarrow 2$	$50 \rightarrow 0.5$

It will be noticed for instance that the minimum value of η in primary ionisation is at least a 1000 times the value of η in collisions which give rise to 10^7-volt secondaries. It would therefore appear that any assumption made to reduce the theoretical ionisation (to bring it into line with experiment) on the basis of η as a criterion would cut out the production of branches altogether. Branches are however observed, and approximately to the full extent required by theory[1]. The situation is much the same if, instead of η, we consider the field strength, for the maximum value of this in ionising collisions is only about 10^{-7} of its value in branch collisions.

The values of η and E in collisions which give rise to the emission of radiation by electrons of 10^8 to 10^9 volts energy are also much more extreme than they are in the collisions contributing to the primary

[1] It may of course be supposed that the agreement of theory and experiment for the number of fast secondaries is accidental, and that the actual cause of the observed secondary electrons is not the COULOMBian interaction between a cosmic-ray electron and an atomic electron.

ionisation. Accordingly a criterion for reducing the primary ionisation, based on the smallness of η, or the largeness of E, would reduce the emission of radiation to a much greater extent. Actually however the percentage deviation of the observed values from theory is about the same for both.

Thus any simple hypothesis which postulates a failure of existing theory when η is less than, or E greater than, some critical values will not account for all the existing experimental results. It may however be worth while to refer to two hypotheses of his kind which have been considered.

The first, suggested by the limitation of classical theory, postulates a break-down when the value of η for the perturbing field is of the order of or less than the classical electron-radius e^2/mc^2. As was shown by the writer (*14*) a failure under these conditions will not account for the low value of the ionisation because the conditions do not exist in any of the ionising collisions (see above table)[1]. They do however exist in some of the radiative collisions, and the assumption of *no effect* when $\eta \leqq e^2/mc^2$ might give a plausible account of the discrepancies (*14*). This assumption would however have the undesirable result of cutting out the production of branches altogether, because in the collisions concerned $\eta \backsim 10^{-2}(e^2/mc^2)$.

Another hypothesis considered more recently by NORDHEIM (*18*) is that there is no effect if the field strength E exceeds e/b^2 where $b^2 = (e^2/mc^2) \times (\hbar/mc)$. This is the unit of field strength used in the above table. This hypothesis again gives a plausible account of the results for the radiative effect. However the critical field is not remotely approached in ionising collisions, and like the electron-radius hypothesis it cannot therefore provide a basis of explanation of the observed ionisation[2].

Regarding these hypotheses, and others of a similar nature, it might be pointed out that even should they be succesful in leading to the desired modification of the theoretical results, they would only be a first step to a solution of the problem. The next step would be to "explain" the hypotheses, because they have been made somewhat arbitrarily. It would be necessary to show why under the critical conditions ($\eta < e^2/mc^2$, or $E > e/b^2$) the linearity of the equations of motion breaks down, and to justify the supposition that there is no effect when those conditions exist[3]. Since however the deviations of theory

[1] This hypothesis has also been considered by J. R. OPPENHEIMER (*23*). He arrives at similar conclusions.

[2] The modified ionisation to which these hypotheses respectively lead is shown in fig. 1 by the broken curves (*a*) and (*b*). It will be seen that the ionisation is unaffected up to at least 10^9 volts.

[3] In a recent paper W. F. G. SWANN (*24*) points out that frequencies in the FOURIER spectrum of the perturbing field greater than mc^3/e^2 (which are present when $\eta < e^2/mc^2$) have no effect according to a previous treatment by him in

from experiment can not all be traced to such critical conditions, the situation is not quite ripe for this second step, though it may eventually turn out that there do exist some critical conditions of the kind contemplated.

4. Proton hypothesis.

It must be remembered that the experimental situation as described in chapt. 1 is not so well established that important modifications can altogether be ruled out. The results quoted for the primary ionisation are undoubtedly the most puzzling. If these turned out to be false the situation would be considerably simplified. In this connection it was suggested by the writer some time ago that the ionising particles in the experiments concerned are not electrons as generally supposed (and assumed in chapt. 1) but protons, because the observed ionisation fits much better with the theoretical ionisation by high-energy protons. We shall conclude the paper by reconsidering briefly this proton hypothesis.

Regarding the ionisation its observed value, quoted in chapt. 1, is close to the theoretical minimum ionisation by particles with a single electronic charge. The latter takes place at a velocity of about $0.97\,c$. This corresponds to an energy of about 10^6 volts for electrons, and 10^9 volts for protons. Protons of this energy would accordingly give the observed ionisation[1]. Actually the flatness of the minimum is such that protons of energy between about $5 \cdot 10^8$ volts and 10^{10} volts would give an ionisation within 10% of the theoretical minimum value. The rise on the low energy side is comparatively rapid and for this reason it is very important for the proton hypothesis that the energies concerned are not sensibly less than about $5 \cdot 10^8$ volts. This condition is perhaps satisfied in KUNZE's experiments, where the energies are around 10^9 volts. However, besides demanding this condition, the assumption that the particles whose ionisation has been measured are protons leads, as previously indicated by the writer, to the result that there must exist *negative protons*. This is so because in the region of energies concerned the tracks of the particles in a magnetic field show positive

---

which the wave-equation is modified to take into account radiative reaction. However, contrary to what SWANN appears to suppose, this result does not help in the least to explain an absence of radiative effect or of ionisation when $\eta < e^2/mc^2$, because these effects depend only on frequencies which are very much less than mc^3/e^2. This is the whole point of the FOURIER analysis argument. What would have to be shown in order to cut out the effects when $\eta < e^2/mc^2$ is that frequencies greater than mc^3/e^2 render inoperative *other frequencies much less than* mc^3/e^2.

[1] In a previous publication (*14*) the writer has plotted the ionisation curves for protons and electrons against the values of "$H\varrho$", which is the quantity actually measured in the experiments—rather than the energy.

and negative curvatures. Admittedly in the region of *very* high energies ($\sim 10^{10}$ volts) the cosmic-ray particles are mostly positive, as is particularly shown by the recent spectrum observations of LEPRINCE-RINGUET (*19*). It is however very unlikely that all the particles involved in the ionisation measurements have been these high energy positives. The proton hypothesis can therefore not be adopted without also accepting the existence of a negative proton.

In the previous discussion of the proton hypothesis by the writer it was pointed out that it could not be used to "save" the radiative formula because ANDERSON's results required a failure of this formula in a region of comparatively low energies, viz. 10^8 to $5 \cdot 10^8$ volts. In this region the particles are undoubtedly electrons, because protons of corresponding $H\varrho$ would have very much thicker tracks than those observed and would also be completely stopped in the lead plate by the ordinary processes of ionisation. If however we accept the recent conclusions of ANDERSON[1] that there is actually no evidence against the radiative formula in these experiments, owing to systematic errors, the proton hypothesis acquires an additional significance. For the remaining evidence against the radiative formula comes from experiments on particles with considerably higher energy, and this evidence would be annulled if we supposed the particles to be protons and not electrons, for owing to their large mass the radiative effect for protons is negligible. Thus in ANDERSON's experiments on the production of secondaries in lead, the almost complete absence of secondary electron-pairs—which if the primary particles were electrons would be produced in great numbers by the emitted radiation—is understandable if we assume the primaries to be protons. It must however be pointed out that the presence in these experiments of a comparatively small number of electrons ($<10\%$) would still be sufficient to give many more pairs than are observed. It is therefore necessary to suppose that the primary beam is practically free from electrons. This perhaps is difficult to accept because though in the experiments concerned ANDERSON states that most of the primaries had energies very much greater than the lower limit of $2 \cdot 10^8$ volts (ranging up to about $6 \cdot 10^9$ volts), presumably there were particles present with energies of the order of this lower limit and these would certainly all be electrons.

We may sum up regarding the proton-hypothesis by saying that its acceptance and usefulness is subject to the following:

1. Agreement of observed ionisation, and emission of radiation, by cosmic-ray electrons *whose* $H\varrho$ *is less than about* $5 \cdot 10^6$ *gauss · cm*, with the requirements of theory.

---

[1] See footnote p. 127.

2. The presence of not more than a small fraction of electrons amongst cosmic-ray particles with $H\varrho$ greater than about $5 \cdot 10^6$ gauss·cm.

3. The existence of negative protons.

If these cannot be accepted, and if at the same time we wish to avoid the serious discrepancies between theory and experimental results described in chapt. 1, we must question the latter not in respect of the nature of the primary particles but in respect of the actual measurements of the effects concerned. The most important modification which the writer would anticipate in this respect is that the ionisation by cosmic-ray electrons *does* follow the logarithmic rise shown in fig. 1 instead of remaining at the minimum value as indicated by existing measurements.

In this paper the attempt has been made to bring out the various points at issue regarding the cosmic-ray phenomena for which existing theory gives definite predictions.

The presentation is not easy because few conclusions can be arrived at without some reservation or other. It is hoped that the analysis given will however help to clarify the situation and in particular bring out the points which mostly demand further experimental investigation.

References.

1. MØLLER, C.: Ann. Physik **14**, 531 (1932).
2. WILLIAMS, E. J.: (a) Proc. Roy. Soc. (Lond.) **130**, 328 (1931) — (b) Physic. Rev. **40**, 881 (1932) — (c) Proc. Roy. Soc. (Lond). **139**, 163 (1933).
3. WILLIAMS, E. J., and F. R. TERROUX: Proc. Roy. Soc. (Lond.) **126**, 289 (1930).
4. KUNZE, P.: Z. Physik **83**, 1 (1933).
5. DANFORTH and RAMSEY: Physic. Rev. **49**, 854 (1936).
6. SKOBELZYN, D.: Z. Physik **54**, 686 (1929).
7. ANDERSON, C. D.: Physic. Rev. **44**, 406 (1933).
8. ANDERSON, C. D.: Proc. Lond. Conf. on Physics (1934).
9. ANDERSON, C. D.: Physic. Rev. **43**, 381 (1933).
10. WILLIAMS, E. J.: Nature (Lond.) **66**, 135 (1935) — Proc. Danish. Acad. **13**, 4 (1935).
11. BETHE, H.: Ann. Physik **5**, 325 (1930).
12. WILLIAMS, E. J.: Physic. Rev. **40**, 881 (1932).
13. MOTT, N. F.: Proc. Roy. Soc. (Lond.) **124**, 425 (1929).
14. WILLIAMS, E. J.: Physic. Rev. **45**, 129 (1934).
15. BETHE, H., and W. HEITLER: Proc. Roy. Soc. (Lond.) **146**, 183 (1934).
16. VON WEIZSÄCKER, C.: Z. Physik **88**, 612 (1934).
17. LANDAU, F., and LIFSHITZ: Nature (Lond.) **134**, 109 (1934).
18. NORDHEIM, L. W.: Physic. Rev. **49**, 189 (1936).
19. LEPRINCE-RINGUET, L.: J. Physique **7**, 67 (1936).
20. CHAMPION, F. C.: Proc. Roy. Soc. (Lond.) **137**, 688 (1932); **153**, 353 (1936).
21. SKOBELZYN, D., and Mme. STEPANOWA: Nature (Lond.) **137**, 224, 272, 456 (1936).
22. LEPRINCE-RINGUET, L.: Doctorate Theses in University of Paris (1936).
23. OPPENHEIMER, J. R.: Physic. Rev. **47**, 44 (1935).
24. SWANN, W. F. G.: Physic. Rev. **49**, 829 (1936).

Verlag von Julius Springer in Berlin

Struktur und Eigenschaften der Materie

Eine Monographiensammlung

Begründet von **M. Born** und **J. Franck**

Herausgegeben von **F. Hund**, Leipzig, und **H. Mark**, Wien

I. **Zeemaneffekt und Multiplettstruktur der Spektrallinien.** Von **E. Back** und **A. Landé**, Tübingen. Mit 25 Textabbildungen und 2 Tafeln. XII, 213 Seiten. 1925. RM 12.96; gebunden RM 14.31

II. **Vorlesungen über Atommechanik.** Von **Max Born.** Herausgegeben unter Mitwirkung von Friedrich Hund.
Erster Band: Mit 43 Abbildungen. IX, 358 Seiten. 1925. Gebunden RM 14.85
Zweiter Band: **Elementare Quantenmechanik.** Von **Max Born** und **Pascual Jordan.** XI, 434 Seiten. 1930. RM 25.20; gebunden RM 26.82

III. **Anregung von Quantensprüngen durch Stöße.** Von **J. Franck** und **P. Jordan.** Mit 51 Abbildungen. VIII, 312 Seiten. 1926. RM 17.55; gebunden RM 18.90

IV. **Linienspektren und periodisches System der Elemente.** Von **Friedrich Hund.** Mit 43 Abbildungen und 2 Zahlentafeln. VI, 221 Seiten. 1927. RM 13.50

V. **Die seltenen Erden vom Standpunkte des Atombaues.** Von **Georg v. Hevesy**, Freiburg i. Br. Mit 15 Abbildungen. VIII, 140 Seiten. 1927. RM 8.10

VI. **Fluorescenz und Phosphorescenz im Lichte der neueren Atomtheorie.** Von **Peter Pringsheim.** Dritte Auflage. 1928. Z. Zt. vergriffen

VII. **Graphische Darstellung der Spektren von Atomen und Ionen mit ein, zwei und drei Valenzelektronen.** Von **W. Grotrian**, Berlin-Potsdam.
Erster Teil: Textband. Mit 43 Abbildungen. XIII, 245 Seiten. 1928.
Zweiter Teil: Figurenband. Mit 163 Abbildungen. X, 168 Seiten. 1928. Beide Teile zusammen RM 30.60

VIII. **Lichtelektrische Erscheinungen.** Von **Bernhard Gudden**, Erlangen. Mit 127 Abbildungen. IX, 325 Seiten. 1928. RM 21.60; gebunden RM 22.68

IX. Siehe II., Zweiter Band: Elementare Quantenmechanik.

Zu beziehen durch jede Buchhandlung

Verlag von Julius Springer in Berlin

Struktur und Eigenschaften der Materie

Eine Monographiensammlung

Begründet von **M. Born** und **J. Franck**

Herausgegeben von **F. Hund**, Leipzig, und **H. Mark**, Wien

(Fortsetzung)

X. **Das ultrarote Spektrum.** Von **Clemens Schaefer** und **Frank Matossi**, Breslau. Mit 161 Abbildungen. VI, 400 Seiten. 1930.
RM 25.20; gebunden RM 26.82

XI. **Astrophysik auf atomtheoretischer Grundlage.** Von **Svein Rosseland**, Oslo. Mit 25 Abbildungen. VI, 252 Seiten. 1931
RM 17.82; gebunden RM 19.08

XII. **Der Smekal-Raman-Effekt.** Von **K. W. F. Kohlrausch**, Graz. Mit 85 Abbildungen. VIII, 392 Seiten. 1931.
RM 32.—; gebunden RM 33.80

XIII. **Die Quantenstatistik und ihre Anwendung auf die Elektronentheorie der Metalle.** Von **Léon Brillouin**, Paris. Aus dem Französischen übersetzt von E. Rabinowitsch, Göttingen. Mit 57 Abbildungen. X, 530 Seiten. 1931.
RM 42.—; gebunden RM 43.80

XIV. **Molekülstruktur.** Bestimmung von Molekülstrukturen mit physikalischen Methoden. Von **H. A. Stuart**, Königsberg i. Pr. Mit 116 Abbildungen. X, 389 Seiten. 1934.
RM 32.—; gebunden RM 33.80

XV/XVI. **Molekülspektren und ihre Anwendung auf chemische Probleme.** Von **H. Sponer**, Göttingen, z. Zt. Oslo.
Erster Band: Tabellen. VI, 154 Seiten. 1935.
RM 16.—; gebunden RM 17.60
Zweiter Band: Text. Mit 87 Abbildungen. XII, 506 Seiten. 1936.
RM 36.—; gebunden RM 37.80

XVII. **Kristallplastizität mit besonderer Berücksichtigung der Metalle.** Von **E. Schmid** und **W. Boas**, Freiburg/Schweiz. Mit 222 Abbildungen. X, 373 Seiten. 1935.
RM 32.—; gebunden RM 33.80

XVIII. **Elektronentheorie der Metalle.** Von **Herbert Fröhlich**, Bristol. Mit 71 Abbildungen. VII, 386 Seiten. 1936.
RM 27.—; gebunden RM 28.80

Zu beziehen durch jede Buchhandlung

GPSR Compliance

The European Union's (EU) General Product Safety Regulation (GPSR) is a set of rules that requires consumer products to be safe and our obligations to ensure this.

If you have any concerns about our products, you can contact us on ProductSafety@springernature.com

In case Publisher is established outside the EU, the EU authorized representative is:

Springer Nature Customer Service Center GmbH
Europaplatz 3
69115 Heidelberg, Germany

Batch number: 10683543

Printed by Printforce, the Netherlands